都市防災整備の経済効果

河端　瑞貴

三菱経済研究所

謝辞

本書を執筆するにあたり，多くの方々からご支援や助言を賜り，心より感謝申し上げます．公益財団法人三菱経済研究所の丸森康史副理事長，杉浦純一常務理事，須藤達雄研究部長をはじめとする皆様からは，本研究に対する多くのご支援をいただきました．特に杉浦純一常務理事には，研究の進捗を見守りつつ，原稿を丁寧にご確認いただきました．有益かつ的確なコメントを頂戴し，本書の内容を改善することができました．須藤達雄研究部長には，研究が円滑に進行するためのサポートをいただきました．

慶應義塾大学の寺井公子教授には，三菱経済研究所との縁を結んでいただき，本書の執筆という貴重な機会を与えていただきました．本書の分析は筆者個人で行いましたが，慶應義塾大学の直井道生教授，日本大学の安田昌平講師との共同研究（Kawabata et al., 2022）を基にして発展させたものです．両先生からは，本書の基盤となる知識やご協力をいただきました．国土交通省の土田哲也様には，危険密集市街地データをご提供いただき，中山貴司様からは地域防災力の向上に資するソフト対策の実施率に関する情報を教えていただきました．東京都都市整備局の友貞美代子様には，木造住宅密集地域（木密地域）の空間データの提供に関するお手続きいただき，吉田拓様には木密地域の面積に関する情報を教えていただきました．

ここに，ご支援いただいた全ての方々への深い感謝の意を表します．

2023 年 9 月 15 日

河端　瑞貴

目次

第1章
序論

防災力の強化は，世界各地で取り組むべき重要な政策課題となっている．2023年2月にトルコ・シリアで発生した大地震では，死者5万人以上，建物の倒壊が約273,000棟にのぼる甚大な被害が生じた（国連開発計画，2023）．多くの人が建物の倒壊によって命を落としたことから，建物の耐震化を含む防災整備の重要性が再認識された．

以前から南海トラフ地震や首都直下地震などの巨大地震の発生が予想されている日本では，建築物の耐震化や不燃化をはじめとする防災対策の都市整備が進められてきた．その結果，2022年に10年ぶりに見直された「首都直下地震等による東京の被害想定」（東京都，2022）では，10年前（2012年）の被害想定と比較して，耐震化の取り組みにより，想定される建物全壊棟数は12万棟から8万棟に，揺れによる死者数は5,100人から3,200人に減少した．また，不燃化の取り組みにより，想定される焼失棟数は20万棟から12万棟に，火災による死者数は4,100人から2,500人に減少するなど，顕著な減災効果が認められる．しかし，地震リスクの経済分析に関する研究蓄積が進む一方で，地震被害リスクを軽減する都市整備の経済効果に着目した研究は少ない．

地震被害リスク，特に延焼の危険がある火災被害リスクの軽減は，当該地区に加えて，周辺地区にも経済的便益をもたらすことが考えられる．そこで本書では，ヘドニック・アプローチと空間計量経済学の手法を組み合わせ，地震被害リスクの軽減が当該地区の地価に与える直接効果と周辺地域の地価に与える間接効果（空間スピルオーバー効果）を推定し，地震被害リスクを軽減する都市整備の効果を定量的に評価する．対象地域は，首都直下地震の切迫性に直面し，防災都市づくりを推進してきた東京都とする．地震被害リスクの指標には，国土交通省の「地震時等に著しく危険な密集市街地（以下，危険密集市街地）」（2015, 2017, 2019, 2021年）および東京都の「木造住宅密集地域（以下，木密地域）」（2003, 2009, 2015, 2020年）の2つを用いる．これらはいずれも町丁単位のデータである．地価には，国土数値情報の公示地価（住宅地）を使用する．地理情報システム（GIS）[1]を用いて地震被害リスク指標と地価のパネルデータを構築し，空間計量経済モデルを用いて地震被害リスクの軽減が地価に与える直接効果，間接効果（空間スピルオーバー効果），およびそれら2つを合わせた総合効果を推定する．

危険密集市街地は，密集市街地のうち，延焼危険性または避難困難性が高く，地震時などにおいて最低限の安全性を確保することが困難な地区である（国土交通省，2021b）．木密地域は，震災時に延焼被害の恐れのある老朽木造住宅が密集している地域を指す（東京都都市整備局，2017）．

危険密集市街地と木密地域に共通しているのは，延焼リスクが高く，それらの解消が都市防災整備の政策目標になっているという特徴である．危険密集市街地は，多くが木密地域と重なるが，木密地域よりも総面積が狭く，特に危険な密集市街地であると考えられる．

国や自治体は，建物の不燃化・耐震化，避難経路や延焼遮断帯の整備などの都市防災整備を進めてきた．その結果，東京都の危険密集市街地の面積は1,683 ha（2012年）から103 ha（2021年）へ（国土交通省，2022），木密地域の面積は約24,000 ha（2003年）から約8,600 ha（2020年）へと大幅に減少した（東京都，2020）[2]．危険密集市街地，木密地域はいずれも延焼リスクが高い密集市街地であり，それらの整備改善は，当該地域だけでなく，周辺地域にも便益をもたらすと考えられる．

筆者はこれまでの共同研究において，東京都の「地震に関する地域危険度

[1] GIS（「ジー・アイ・エス」と読む）は，端的に言えば，位置に関する様々な情報を電子的な地図上で扱う情報システム技術の総称である．地理空間情報活用推進基本法（平成19年法律第63号）第2条においては，「地理空間情報の地理的な把握又は分析を可能とするため，電磁的方式により記録された地理空間情報を電子計算機を使用して電子地図（電磁的方式により記録された地図）上で一体的に処理する情報システム」と定義されている．

[2] 2003年の木密地域の面積は東京都都市整備局に問い合わせて得た数値である．

測定調査」(以下，地域危険度) の建物倒壊危険度，火災危険度，総合危険度，および危険密集市街地のパネルデータを用いた空間計量経済分析を行った (Kawabata et al., 2022)．本書の貢献は，新しい年次の危険密集市街地のデータを取り入れた分析を行っている点，および既存研究ではほとんど見られない木密地域整備の経済効果を分析している点である．

分析の結果，危険密集市街地および木密地域の整備改善には，いずれも当該地区だけでなく，周辺地域の地価が上昇する間接効果 (空間スピルオーバー効果) のあることが明らかになった．さらに，空間スピルオーバー効果を含めた総合効果は，空間スピルオーバー効果を含まない従来のモデルの平均限界効果よりも絶対値が大きく，危険密集市街地や木密地域の整備改善の経済効果を測る際には，整備改善した当該地区だけでなく，周辺地域への影響も考慮する重要性が示唆された．分析結果から，東京都における2015年から2021年の6年間の危険密集市街地の解消には，空間スピルオーバーの閾値を500 mとした場合で約4,133億円，閾値を750 mとした場合で約3,560億円の経済効果があるとの推計が得られた．また，2003年から2020年の17年間の木密地域の解消には，空間スピルオーバーの閾値を500 mとした場合で約5兆2,225億円，閾値を750 mとした場合で約8兆3,686億円の経済効果があると推計された．これらの結果は，危険密集市街地や木密地域の整備改善が，当該地区の安全性や生活環境の向上だけでなく，広範な経済効果をもたらすことを示唆している．

以降の本書の構成は，次の通りである．第2章では，関連する先行研究のレビューを行う．第3章では，日本の地震リスクおよび防災対策の都市整備を概観する．第4章では，多くの読者に馴染みのない空間計量経済モデルを解説する．第5章では，地震被害リスクの軽減と住宅地地価の空間計量経済分析を行い，第6章で結論を述べる．

第2章
先行研究

地震リスクの経済効果に関しては，多くの研究が蓄積されている．本書に関連する先行研究としては，まず，地震リスク情報が住宅価格や地価に与える影響に関する一連の研究が挙げられる．Brookshire et al.（1985）は，1974年にカリフォルニア州で地震リスクゾーンが公表された後に，ロサンゼルスとサンフランシスコ・ベイエリアの高リスク地域の住宅価格が下落したことを示している．Nakagawa et al.（2007, 2009）は，東京都が公表する「地震に関する地域危険度調査」のデータ（以下，地域危険度データ）を用いて，建物倒壊危険度の高い地域では住宅賃料と土地価格が有意に低いことを明らかにしている．Hidano et al.（2015）は，東京都の地域危険度データに含まれる建物倒壊危険度と総合危険度を用いて，危険度の低い地域の住宅価格が，危険度の高い地域に比べて高いことを実証している．Singh（2019）は，カリフォルニアの地震断層ゾーンマップの改訂を利用して，断層ゾーンに位置すると，平均して不動産価値が6.6%，賃料が約3.3%下落することを示している．

特定の地震発生前後の住宅価格や地価に関する研究も多数存在する．これらの研究は，しばしば地震リスクに対する主観的な認識の変化に焦点を当てている．Beron et al.（1997）は，サンフランシスコ湾岸地域の戸建て住宅販売価格が1989年のロマ・プリータ地震後に下落したことを示し，消費者が当初地震リスクを過大評価していたことを示唆している．Önderet et al.（2004）は，1995年と2000年のイスタンブールの住宅価格において，断層線からの距離がプラスの影響を与えたことを示している．特に，1999年のイズミット地震（トルコ・コジャエリ地震）発生後の2000年の影響が顕著であったことを明らかにしている．Naoi et al.（2009）は，強い地震の直後に，地震頻度が高い地域の持ち家価格や家賃が地震前に比べ割引されたことを実証している．

さらに，近年地震が発生していない地域で地震リスクが過小評価される傾向にあるとも指摘している．Gu et al.（2018）は，阪神・淡路大震災後，大阪の上町断層に近い非住宅地の地価が割り引かれたことを示している．Fekrazad（2019）は，カリフォルニア州以外での大地震発生後，カリフォルニア州内の危険度が高い地域の住宅価格指数は，危険度が低い地域と比較して約6%，さらに米Zillow社の物件掲載価格（1平方フィートあたり）の中央値が約3%低下したことを示している．

地震のマクロ経済および地域経済への影響に関する一連の研究も存在するが，実証研究の結果は混在している．Skidmore and Toya（2002）の国際的な分析は，地震を含む地球科学的災害が長期的な経済成長と負の相関関係にあることを示している．Aguirre et al.（2022）は，2010年に発生したマグニチュード8.8のチリ地震から8～9年後に，被災した自治体の経済活動が，被災していない自治体と比較して約10%低下していることを示している．一方，Fujiki and Hsiao（2015）は，1995年の阪神・淡路大震災には持続的な経済的影響は見られないと結論付けている．このような実証研究の結果の違いは，分析対象の地域や期間，地震の規模や特性，および分析手法の違いに起因していると考えられる．

さらに，地震の影響の異質性を分析した研究もある．Fomby et al.（2013）は，国際的なパネルデータを用いて分析し，地震が経済成長に対して有意ではない負の影響をもたらす一方，住宅やインフラ，生産施設の復興活動に関連する非農業成長に対しては1年後に正の影響を与えることを示している．Barone and Mocetti（2014）は，イタリアのフリウリ地震（1976年）とイルピニア地震（1980年）が1人当たりGDPに与える影響を分析している．その結果，短期的には有意な影響が見られないが，長期的にはフリウリ地域ではプラス，イルピニア地域ではマイナスの影響があり，これは地域の制度の質の違いによるものであると議論している．Cole et al.（2019）は，阪神・淡路大震災後，建物の被害が製造業のプラントの存続に負の影響を与えたことを示している．また，大震災前から存続していたプラントに対するこの負の影響は，大震災後に最大7年間継続することが確認されている．さらに，被害を受けた結果としての撤退リスクは，最も生産性の低いプラントで最も高いことが明らかにされている．Nguyen and Noy（2020）は，ニュージーランドのカンタベリー地震（2010–2011）の発生後の保険支払いが地域経済の回復プロセスに有意な影響を与えたことを報告している．この論文では，地域経済の指標として，夜間光（衛星画像を用いて得られる夜間の光の輝度）が使用されている．夜間光は，経済活動が活発であるほど明るく，経済活動の代理指標として用いられている．

このように，地震リスクの経済効果の研究は多数存在するが，地震被害リスクを軽減する都市整備の経済効果に着目した研究はほとんど見られない．

第3章

地震リスクと都市防災整備

3.1　日本の地震リスク

日本は，地殻変動が激しく地震活動が活発な環太平洋地震帯に位置し，高い地震リスクに直面している．太平洋プレート，北米プレート，フィリピン海プレート，ユーラシアプレートの4つのプレートが交差する地域でもあり，2011年から2020年の間に発生したマグニチュード（M）6.0以上の地震1,443回のうち，259回（17.9%）が日本で発生している（国土交通省，2021a）．

表3.1は，2010年以降に日本付近で発生し，人的被害を伴った最大震度6強以上の地震およびその被害をまとめたものである．北海道地方，東北地方，中部地方，九州地方と全国に幅広く大規模地震が発生していることがわかる．特に2011年に発生したM9.0の東日本大震災の被害は甚大であり，2万2千人以上の死者・行方不明者，住宅については12万棟以上が全壊，28万棟以上が半壊，約75万棟が一部破損した．東日本大震災における被害推計額は約16兆9千億円にものぼる（内閣府，2011）．表3.1には記載していないが，1995年に発生した最大震度7の阪神・淡路大震災も大規模な被害をもたらし，死者・行方不明者6千人以上，住宅の全壊10万棟以上，半壊14万棟以上，被害額は約9兆6千億円と推計されている（内閣府，2023a, 2023b）．

さらに近い将来，大規模地震の発生と甚大な被害が想定されている．図3.1は，今後30年以内に高い確率で発生が予想される主な大規模地震を示す．南海トラフ地震（M8–9クラス）が発生する確率は70〜80%，首都直下地震（M7クラス）が発生する確率は70%程度と想定されている（地震調査研究推進本部，2023; 内閣府，2021）．日本海溝・千島海溝周辺海溝型地震の規模や発生確率は場所により様々であるが，根室沖，青森県東方沖及び岩手県沖北

表 3.1　日本付近で発生した最大震度 6 強以上の主な被害地震（2010 年以降）

発生年月日	震央地名・地震名	M	最大震度	津波	人的被害	物的被害
令和 5 年 （2023 年） 5 月 5 日	石川県能登地方	5.9 6.5	5 強 6 強		死 1 負 48	住家全壊 30 棟 住家半壊 116 棟 住家一部破損 556 棟など 【令和 5 年 5 月 31 日現在】
令和 4 年 （2022 年） 3 月 16 日	福島県沖	7.4	6 強	20 cm	死 4 負 247	住家全壊 217 棟 住家半壊 4,556 棟 住家一部破損 52,162 棟など 【令和 4 年 11 月 18 日現在】
令和 3 年 （2021 年） 2 月 13 日	福島県沖	7.3	6 強		死 1 負 187	住家全壊 69 棟 住家半壊 729 棟 住家一部破損 19758 棟など 【令和 3 年 3 月 29 日現在】
令和元年 （2019 年） 6 月 18 日	山形県沖	6.7	6 強	11 cm	負 43	住家半壊 28 棟 住家一部破損 1580 棟など 【令和 2 年 9 月 30 日現在】
平成 30 年 （2018 年） 9 月 6 日	胆振地方中東部 平成 30 年北海道 胆振東部地震	6.7	7		死 43 負 782	住家全壊 469 棟 住家半壊 1,660 棟 住家一部破損 13,849 棟など 【令和元年 8 月 20 日現在】
平成 28 年 （2016 年） 4 月 14 日～	熊本県熊本地方など 平成 28 年（2016 年） 熊本地震	7.3	7		死 273 負 2,809	住家全壊 8,667 棟 住家半壊 34,719 棟 住家一部破損 162,500 棟など 【平成 31 年 4 月 12 日現在】
平成 23 年 （2011 年） 4 月 7 日	宮城県沖	7.2	6 強		死 4 負 296	
平成 23 年 （2011 年） 3 月 15 日	静岡県東部	6.4	6 強		負 80	住家半壊 18 棟 住家一部破損 3475 棟 【平成 24 年 9 月 11 日現在】
平成 23 年 （2011 年） 3 月 12 日	長野県・新潟県 県境付近	6.7	6 強		死 3 負 57	住家全壊 73 棟 住家半壊 427 棟など 【平成 29 年 3 月 31 日現在】
平成 23 年 （2011 年） 3 月 11 日	三陸沖 平成 23 年（2011 年） 東北地方太平洋沖地震 （東日本大震災）	9.0	7	9.3 m 以上	死 19,729 不明 2,559 負 6,233	住家全壊 121,996 棟 住家半壊 282,941 棟 住家一部破損 748,461 棟など 【令和 2 年 3 月 1 日現在】

（注）気象庁「日本付近で発生した主な被害地震（平成 8 年以降）」（https://www.data.jma.go.jp/eqev/data/higai/higai1996-new.html）を基に著者作成.

図3.1　今後30年以内の主な大規模地震の発生確率

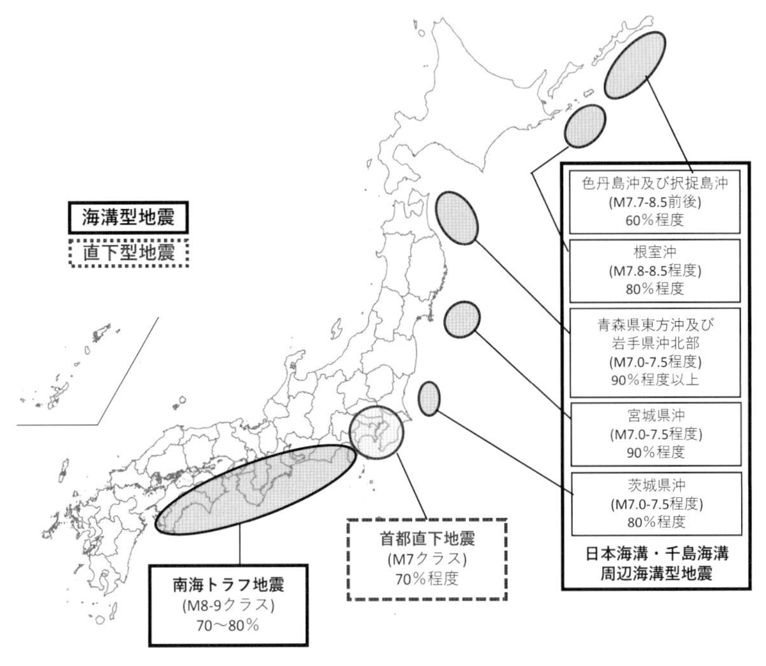

(注) 地震調査研究推進本部 (2023)「活断層及び海溝型地震の長期評価結果一覧 (2023年1月1日での算定)」, 内閣府 (2021)「日本の災害対策」, 国土数値情報令和2年行政区域データを基に著者作成

部, 宮城県沖, 茨城県沖では, M7以上の地震の発生が80%程度以上の高確率で予想されている.

表3.2は, 南海トラフ地震, 首都直下地震, 日本海溝・千島海溝周辺海溝型地震の被害想定である. 南海トラフ地震は, 死者最大約23万人, 資産等の被害約172兆円 (陸側ケースの場合), 20年累計の経済被害1,240兆円, 財政的被害131兆円と甚大な被害が想定されている. 首都直下地震の想定被害は南海トラフ地震よりも少ないが, それでもなお, 死者最大約2万3千人, 資産等の被害約47兆円, 20年累計の経済被害731兆円, 財政的被害77兆円と深刻な被害が予想されている. 日本海溝・千島海溝周辺海溝型地震の想定被害も甚大であり, 死者最大約20万人と南海トラフ地震に近い多大な人的

表 3.2　大規模地震による被害想定

	南海トラフ地震	首都直下地震	日本海溝・千島海溝周辺海溝型地震
人的被害（死者）	最大約 23 万人※1	最大約 2 万 3 千人※4	最大約 20 万人※5
資産等の被害	（陸側ケース）約 172 兆円※2	約 47 兆円※3	日本海溝モデルで約 25 兆円，千島海溝モデルで約 13 兆円※5
経済被害	（20 年累計）1,240 兆円※3	（20 年累計）731 兆円※3	NA
財政的被害	（20 年累計）131 兆円※3	（20 年累計）77 兆円※3	NA

（注）
※1 中央防災会議 南海トラフ巨大地震対策検討ワーキンググループ（2019）「南海トラフ巨大地震の被害想定について（再計算）～建物被害・人的被害～」（https://www.bousai.go.jp/jishin/nankai/taisaku_wg/pdf/1_sanko2.pdf）
※2 中央防災会議 南海トラフ巨大地震対策検討ワーキンググループ（2019）「南海トラフ巨大地震の被害想定について（再計算）～経済的な被害～」（https://www.bousai.go.jp/jishin/nankai/taisaku_wg/pdf/3_sanko.pdf）
※3 土木学会（2018）『「国難」をもたらす巨大災害対策についての技術検討報告書』p. 68 表 5（1）
※4 中央防災会議 首都直下地震対策検討ワーキンググループ（2013）「首都直下地震の被害想定と対策について（最終報告）～人的・物的被害（定量的な被害）～」（https://www.bousai.go.jp/jishin/syuto/taisaku_wg/pdf/syuto_wg_siryo01.pdf）
※5 中央防災会議 日本海溝・千島海溝沿いの巨大地震対策検討ワーキンググループ（2021）「日本海溝・千島海溝沿いの巨大地震の被害想定について【定量的な被害量】」（https://www.bousai.go.jp/jishin/nihonkaiko_chishima/WG/pdf/211221/shiryo03.pdf）

被害が想定されている．資産等の被害も日本海溝モデルで約 25 兆円，千島海溝モデルで約 13 兆円と大規模な被害が予想されている．なお，ここでのモデルとは，内閣府に設置された「日本海溝・千島海溝沿いの巨大地震モデル検討会」によって検討された地震・津波に関するモデルである．このモデルは，想定される最大クラスの地震・津波を設定している（中央防災会議 日本海溝・千島海溝沿いの巨大地震対策検討ワーキンググループ，2021）．防災の観点から，各種調査結果や科学的知見を集約し，地震と津波の発生・影響を詳細に分析・整理することを目的としている．

3.2　防災対策の都市整備

近い将来，高確率で発生が予想される大規模地震災害に備え，国や東京都，自治体は防災対策に資する都市の整備を進めてきた．2011年に閣議決定された住生活基本計画（全国計画）では，安全・安心で豊かな住生活を支える生活環境の構築を目指し，全国に存在していた約6,000 haの「地震時等に著しく危険な密集市街地」（危険密集市街地）を，2020年度までに概ね解消するという目標が示された．危険密集市街地は，密集市街地のうち，延焼危険性又は避難困難性が高く，地震時等において最低限の安全性を確保することが困難な市街地である（国土交通省，2012）．東京都の危険密集市街地については，2012年3月時点で地区数は113，面積は1,683 haであることが公表された（国土交通省，2012）．具体的な危険密集市街地の整備改善に向けた取り組みとしては，道路等の整備，沿道建築物の不燃化，広域的避難場所の整備，建替えによる不燃化，従前居住用住宅の整備，老朽建築物の除却，公園・空地の整備，避難路の確保等がある（国土交通省，2022）．こうした取り組みの結果，危険密集市街地は，2021年度末において，全国では1,989 ha，東京都では103 haにまで減少した（国土交通省，2022）．2021年に閣議決定された住生活基本計画（全国計画）において，2030年までにこれらの危険密集市街地を概ね解消するとともに，地域防災力の向上に資するソフト対策の実施率[3]を2020年の約46％から2025年には100％に引き上げる目標が定められた．

並行して，2013年，政府は国土強靱化の推進に関する関係府省庁連絡会議（第4回）の決定事項として，国土強靱化（ナショナル・レジリエンス（防災・減災））の推進に向けたプログラムの対応方針と重点化について発表した（国土交通省，2013）．公表された各プログラムの施策及び今後の対応方針の冒頭で，住宅密集地における火災による死傷者の発生が，回避すべき起こってはいけない事態として記されている．これらの事態を防ぐ具体的な施策としては，住宅・建築物の耐震化の促進，避難地等となる公園，緑地，広

[3] 「地域防災力の向上に資するソフト対策の実施率」は，ソフト対策について，①家庭単位で設備等を備える取り組み（感震ブレーカーの設置促進や家具転倒防止器具の設置促進等），②地域単位で防災機能の充実を図る取り組み（消防機能の充実や防災関連施設の充実等），③地域防災力の実行性を高めるための取り組み（地域の防災情報の充実や防災訓練の実施等）の3区分をいずれも実施している地区の割合である（国土交通省，2021bの別紙4, 2022）．

場等の整備，避難路となる道路，緑道の整備，狭隘道路の拡幅の整備，避難地，避難路延焼遮断帯周辺の不燃化対策の推進，密集市街地に係る避難路沿道建築物の改修・建替え等の推進，老朽建築物の除却と合わせた耐火建築物への共同建替えの推進が挙げられている．

一方，東京都も地震に強いまちづくりを推進してきた．古くは1963（昭和38）年に，災害対策基本法（昭和36年法律第223号）第40条の規定に基づき，「東京都地域防災計画」が策定された．1973（昭和48）年の第1次修正において，総合的な震災対策計画として，「東京都地域防災計画　震災編」が作成された．その後も修正が続けられ，2023（令和5）年が第16次修正となっている（東京都防災会議，2023）．「東京都地域防災計画　震災編」には，安全な都市づくりの実現を目指して，不燃化，耐震化による地震に強い都市づくりが盛り込まれている．主な対策の方向性と到達目標としては，発災時の延焼の防止として整備地域の不燃領域率70%，特定整備路線の全線整備，建築物の耐震化による被害の軽減として防災上重要な公共建築物の耐震化率100%および特定緊急輸送道路の沿道建築物の耐震化促進などが挙げられている．

また東京都は，1995年，阪神・淡路大震災の教訓を踏まえ，区と連携して「防災都市づくり推進計画」を策定し，整備地域等を定め，延焼遮断帯となる道路の整備や，建築物の不燃化・耐震化を進めてきた．ここで整備地域とは，地域危険度が高く，かつ特に老朽化した木造建築物が集積するなど，震災時の大きな被害が想定される地域のことである．延焼遮断帯とは，地震に伴う市街地火災の延焼を阻止する機能を果たす道路，河川，鉄道，公園等の都市施設およびこれらと近接する耐火建築物等により構成される帯状の不燃空間を意味し，震災時の避難経路，救援活動時の輸送ネットワークなどの機能も担っている（東京都，2012）．「防災都市づくり推進計画」は，2003年，2009年，2015年，2020年に改訂されている（東京都，2023）．

関連して，東京都は2012年に「木密地域不燃化10年プロジェクト」を立ち上げた（東京都，2012）．当時，木密地域は山手線外周部を中心に東京の広範囲に分布していた．木密地域は，道路や公園等の都市基盤が不十分で老朽化した木造建築物が多く，首都直下地震等の大規模地震が発生すれば，建物の倒壊や大規模な火災が発生する恐れがある．そのため，このプロジェクトでは，特に甚大な被害が想定される整備地域を対象に，10年間の重点的・集中的な取り組みを実施した．木密地域を燃え広がらない・燃えないまちにすることを目標とし，市街地の不燃化および延焼遮断帯を形成する主要な都市計画道路の整備を一体的に推進してきた．その結果，東京都の木密地域の面積は，2012年の約16,000 haから2020年の8,600 haにまで減少した（東京都，2022）．東京都の危険密集市街地の面積も，2012年の1,683 haから2021年の103 haに減少している（国土交通省，2022年）．

このように，都市防災整備が進められ，木密地域や危険密集市街地の面積は大幅に減少したが，このような地震被害リスクを軽減する都市整備の経済効果を分析した実証研究は少ない．そこで本書では，ヘドニック・アプローチと空間計量経済学の手法を用いて，木密地域および危険密集市街地を解消する都市整備の経済効果を分析する．しかし，空間計量経済学は比較的新しい学問分野であるため，多くの読者には馴染みのない手法であると思われる．そこで次章では，空間計量経済学の基本的なモデルを解説する．

第4章

空間計量経済モデル

空間計量経済学は，1990年頃から急速に発展してきた空間相互作用（spatial interaction effects）を扱う計量経済学の一分野である．本章では，主にElhorst（2014），LeSage（2014），LeSage and Pace（2009），および日本住宅総合センター（2021）に基づき，空間計量経済モデルについて解説する．空間計量経済モデルの第1世代はクロスセクションデータを用いたモデル，第2世代は空間パネルデータを用いた非ダイナミックモデル，第3世代はダイナミック空間パネルデータモデルである．しかし，第3世代のモデルにおける明確な推定方法はまだ十分に確立されていない．これは，従来の非空間ダイナミックモデルや第2世代の非ダイナミック空間モデルの推定方法では推定量にバイアスが生じるためである．本章では，第1世代のクロスセクションデータを用いるモデル，本書の分析（第5章）で採用した第2世代の非ダイナミック空間パネルデータモデル，さらにその推定例について解説する．

4.1 クロスセクションモデル

4.1.1 モデル

空間計量経済モデルを検討する前に，まずは一般的な回帰モデル，すなわち非空間線形回帰モデルを説明する．非空間線形回帰モデルは，以下の式4.1のように表せる．

$$\boldsymbol{Y} = \alpha \boldsymbol{\iota}_N + \boldsymbol{X\beta} + \boldsymbol{\varepsilon} \tag{4.1}$$

式4.1において，$\boldsymbol{Y}$は$N\times1$の従属変数ベクトル，$\boldsymbol{\iota}_N$は定数項パラメータαに関する全要素が1の$N\times1$ベクトル，$\boldsymbol{X}$は$N\times K$の外生説明変数行列，$\boldsymbol{\beta}$は$K\times1$の回帰係数ベクトル，$\boldsymbol{\varepsilon}=(\varepsilon_1, \cdots, \varepsilon_N)^T$は誤差項ベクトルを表す．ここで，

ε_iは平均0，分散σ^2の独立同分布（i.i.d.: independently and identically distributed）に従うものとする．この非空間線形回帰モデルは，最小二乗法（OLS: ordinary least squares）により推定されることが一般的であり，OLSモデルと呼ばれることもある．しかし，OLSは推定方法の名前であってモデルの名称ではないため，本書ではこのモデルを標準モデルと称する．

次に，空間計量経済モデルにおける相互作用に焦点を当てる．一般的に，相互作用には次の3つのタイプが考えられる：(i) 従属変数の内生的相互作用（式4.2），(ii) 説明変数の外生的相互作用（式4.3），(iii) 誤差項の相互作用（式4.4）．

(i) 個体[4]Aの従属変数y ⇔ 個体Bの従属変数y (4.2)

(ii) 個体 Bの独立変数x ⇔ 個体Aの従属変数y (4.3)

(iii) 個体 Aの誤 差 項ε ⇔ 個体Bの誤 差 項ε (4.4)

全ての相互作用を取り入れたモデルはGNSモデル（general nesting spatial model）と呼ばれる．このGNSモデルは，式4.5のように表現できる．

$$
\begin{aligned}
\boldsymbol{Y} &= \delta \boldsymbol{WY} + \alpha \boldsymbol{\iota}_N + \boldsymbol{X\beta} + \boldsymbol{WX\theta} + \boldsymbol{u} \\
\boldsymbol{u} &= \lambda \boldsymbol{Wu} + \boldsymbol{\varepsilon}
\end{aligned}
\tag{4.5}
$$

ここで，$\boldsymbol{WY}$は従属変数の内生的相互作用，$\boldsymbol{WX}$は説明変数の外生的相互作用，$\boldsymbol{Wu}$は誤差項の相互作用を表す．δは空間自己回帰係数（spatial autoregressive coefficient），λは空間自己相関係数（spatial autocorrelation coefficient），$\boldsymbol{\theta}$と$\boldsymbol{\beta}$は未知のパラメータに関する$K\times1$ベクトル，$\boldsymbol{W}$は個体の空間的構造や配置を表す非負の$N\times N$行列である．このモデルは全ての相互作用を含むため，GNSモデルと呼ぶことができる．

図4.1は，空間計量経済学における主なモデルの関係性を示している．最上部にGNSモデル（式4.5），最下部に標準モデル（式4.1）が示されている．GNSモデルから下方向の各モデルは，矢印に表した制約を課したモデルとなっている．

---

[4] 本章では，「個体」は国，地域，地点などを表す．

図4.1　空間計量経済モデルの関係性

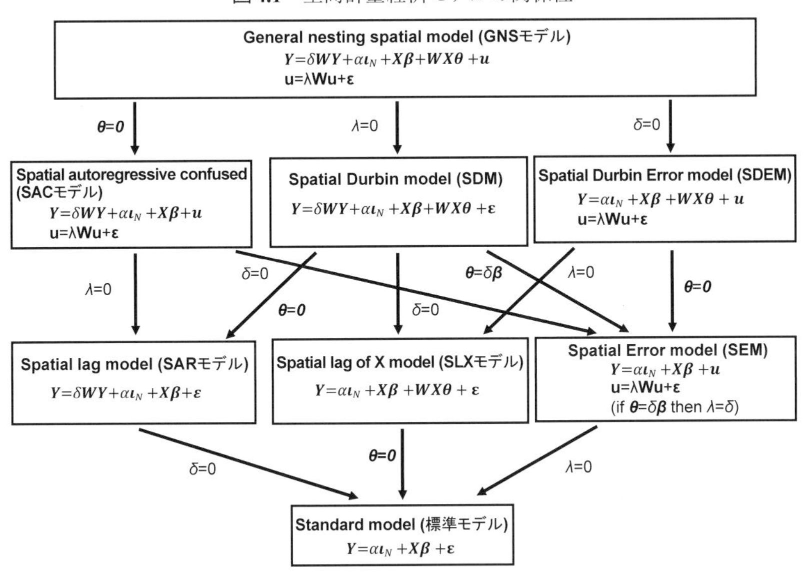

（注）Elhorst（2014, p. 9）に基づき作成．Spatial autoregressive confused（SAC）はLeSage（2014, p. 11）参照．

GNSモデルは全ての相互作用を取り入れたモデルであるが，しばしばパラメータ過多となり，有意性が低下する傾向が知られている．GNSモデルは，$\boldsymbol{\theta}=\mathbf{0}$の場合はSACモデルに，$\lambda=0$の場合はSDMに，$\delta=0$の場合はSDEMに単純化できるが，モデルの選択に際しては以下の点に注意する必要がある．

実証研究では，SARモデルやSACモデルが広く使われてきたが，これらのモデルには，直接効果と間接効果の比率が各説明変数で一定という非現実的な強い仮定がある．また，効果の大きさが空間自己回帰パラメータδと空間重み行列$\boldsymbol{W}$のみに依存する制約も存在する．多くの応用研究では，こうした制約を十分に理解せずにSARモデルやSACモデルを採用している可能性がある．LeSage（2014, p. 11）は，このような問題があるにもかかわらず，応用研究で多用されているSACモデルを空間自己回帰混乱（spatial autoregressive *confused*）モデルと称している．

一方，SDM, SDEM, SLXモデルでは，直接効果と間接効果の大きさが説明変数の空間ラグの係数（θ_k）にも依存し，直接効果と間接効果の比率が説明変数ごとに可変である．そのため，SARモデルやSACモデルよりも優れていると指摘されている（Elhorst, 2014; LeSage, 2014）．SDEMについては，$\lambda=0$の場合はSLXに，$\boldsymbol{\theta}=\mathbf{0}$の場合はSEMに，$\lambda=0$および$\boldsymbol{\theta}=\mathbf{0}$の場合は標準モデルに単純化できる．一方，SDMの場合，$\boldsymbol{\theta}=\mathbf{0}$であることを理由に，SARモデルを採用することは推奨されていない．前述の非現実的な強い制約等の問題があるためである．LeSage（2014）は，実証分析においてはSDMとSDEMが最も適切なモデルであると評価している．

4.1.2　直接効果と間接（空間スピルオーバー）効果

式4.5のGNSモデルは，式4.6のように書き直せる．

$$\boldsymbol{Y}=(\boldsymbol{I}-\delta\boldsymbol{W})^{-1}(\boldsymbol{X\beta}+\boldsymbol{WX\theta})+\boldsymbol{R} \tag{4.6}$$

ここで，$\boldsymbol{R}$は切片と誤差項を含む残りの項を表す．個体1から個体Nまでのk番目の説明変数Xに関する$\boldsymbol{Y}$の期待値の偏微分行列は，式4.7のように表せる．

$$\left[\frac{\partial E(Y)}{\partial x_{1k}}\cdot\frac{\partial E(Y)}{\partial x_{Nk}}\right]=\begin{bmatrix}\frac{\partial E(y_1)}{\partial x_{1k}} & \cdot & \frac{\partial E(y_1)}{\partial x_{Nk}}\\ \cdot & \cdot & \cdot\\ \frac{\partial E(y_N)}{\partial x_{1k}} & \cdot & \frac{\partial E(y_N)}{\partial x_{Nk}}\end{bmatrix}$$
$$=(\boldsymbol{I}-\delta\boldsymbol{W})^{-1}\begin{bmatrix}\beta_k & w_{12}\theta_k & \cdot & w_{1N}\theta_k\\ w_{21}\theta_k & \beta_k & \cdot & w_{2N}\theta_k\\ \cdot & \cdot & \cdot & \cdot\\ w_{N1}\theta_k & w_{N2}\theta_k & \cdot & \beta_k\end{bmatrix} \tag{4.7}$$

ここで，w_{ij}は$\boldsymbol{W}$の（i, j）番目の要素を示す．k番目の説明変数に関するE（$\boldsymbol{Y}$）の偏微分には3つの特徴がある．第1に，ある個体の説明変数が変化した場合，その個体の従属変数が変化するだけでなく，他の個体の従属変数も変化する．前者を直接効果（direct effects），後者を間接効果（indirect effect）

という．偏微分行列の各対角要素は直接効果を示し，各非対角要素は間接効果を表す．したがって，$\delta=0$ および $\theta_k=0$ の際には，全ての非対角要素が0となり，間接効果は発生しない．

第2に，直接効果と間接効果はサンプル内の個体間で異なることである．直接効果が異なるのは，$\delta\neq0$ を所与として，行列 $(\boldsymbol{I}_N-\delta\boldsymbol{W})^{-1}$ の対角要素が個体によって異なるためである．間接効果が異なるのは，$\delta\neq0$ および $\theta_k\neq0$ を所与として，行列 $(\boldsymbol{I}_N-\delta\boldsymbol{W})^{-1}$ と $\boldsymbol{W}$ の両方またはいずれかの非対角要素が個体によって異なるからである．

第3に，$\theta_k\neq0$ で発生する間接効果はローカル効果（local effects），$\delta\neq0$ で発生する間接効果はグローバル効果（global effects）と呼ばれる．ローカル効果は，個体の近隣からの影響を指し，空間重み行列の要素 w_{ij} が0でない（0である）場合，x_{jk} が y_i に与える影響も0でない（0である）．一方，グローバル効果は，近隣に属さない個体からも発生する．これは，$\delta\neq0$ の場合，行列 $(\boldsymbol{I}_N-\delta\boldsymbol{W})^{-1}$ が（$\boldsymbol{W}$ とは異なり）0の要素を含まないためである．$\delta\neq0$ および $\theta_k\neq0$ の場合は，グローバル効果とローカル効果の両方が生じ，それらを互いに区別することはできない．

直接効果と間接効果は，サンプル内の各個体で異なるため，どのように示すかが問題となる．N 個の個体，K 個の説明変数とすると，直接効果および間接効果は K の異なる $N\times N$ 行列となる．N と K が小さい値であっても，結果を簡潔に示すことは困難である．そこでLeSage and Pace（2009）は，式4.7の右辺にある行列の対角要素の平均を直接効果の1つの要約指標，同行列の非対角要素の行和あるいは列和の平均を間接効果の1つの要約指標として提案している．平均行効果は，外生変数の全ての要素が1単位変化したことが従属変数の特定の要素に与える影響を表す．平均列効果は，ある外生変数の特定の要素の変化が他の全ての個体の従属変数に与える影響を表す．計算上，両者の間接効果の大きさは等しいため，どちらを使用しても構わない．一般的には，間接効果はある外生変数の特定の要素の変化が他の全ての個体の従属変数に及ぼす影響（平均列効果）と解釈される．

図4.1に示した各空間計量経済モデルに対応する直接効果と間接効果（空間スピルオーバー効果）を表4.1にまとめる．標準モデルおよびSEMでは，

表 4.1　空間計量経済モデルの直接効果と間接（空間スピルオーバー）効果

	直接効果	間接効果
標準/SEM SAR/SAC	β_k $(\boldsymbol{I}-\delta\boldsymbol{W})^{-1}\beta_k$ の対角要素	0 $(\boldsymbol{I}-\delta\boldsymbol{W})^{-1}\beta_k$ の非対角要素
SLX/SDEM SDM/GNS	β_k $(\boldsymbol{I}-\delta\boldsymbol{W})^{-1}(\beta_k+\mathbf{W}\theta_k)$ の対角要素	θ_k $(\boldsymbol{I}-\delta\boldsymbol{W})^{-1}(\beta_k+\boldsymbol{W}\theta_k)$ の非対角要素

（注）Elhorst（2014, p. 22）を基に作成.

説明変数の直接効果は係数（β_k）となり，間接効果は0である．誤差項の空間ラグを含むSEMでも，標準モデルと同様に直接効果はβ_k, 間接効果が0となるのは，説明変数の変化についての従属変数の偏微分係数の計算（式4.7）で誤差項が関係しないためである．SLXモデルおよびSDEMでは，直接効果は説明変数の係数（β_k），間接効果は説明変数の空間ラグの係数（θ_k）となる．

SARモデルおよびSACモデルでは，説明変数の係数に空間乗数行列（spatial multiplier matrix）を乗じた$(\boldsymbol{I}-\delta\boldsymbol{W})^{-1}\beta_k$の対角要素が直接効果，非対角要素が間接効果となる．SDMおよびGNSモデルでは，$(\boldsymbol{I}-\delta\boldsymbol{W})^{-1}(\beta_k+\mathbf{W}\theta_k)$の対角要素が直接効果，非対角要素が間接効果となる．なお，空間乗数行列$(\boldsymbol{I}-\delta\boldsymbol{W})^{-1}$は式4.8に展開できる．

$$(\boldsymbol{I}-\delta\boldsymbol{W})^{-1}=\boldsymbol{I}+\delta\boldsymbol{W}+\delta^2\boldsymbol{W}^2+\delta^3\boldsymbol{W}^3\cdots \tag{4.8}$$

右辺第1項の単位行列Iの非対角要素は0であるため，この項はXの変化の直接効果を表す．第2項の行列$\delta\boldsymbol{W}$の対角要素は0と仮定されているため，この項はXの変化の間接効果を表す．$\boldsymbol{W}$が1次隣接行列の場合，この間接効果は1次隣接に限定される．第3項以降は2次以上の直接効果と間接効果を表す．すなわち，ある個体の変化が，隣接に波及し，その隣接の隣接へと波及していき，自らの個体に戻る（例：1→2→1, 1→2→3→2→1）というフィードバック効果を示している．

4.1.3　推定例

Elhorst（2014）によるAnselin（1988）のオハイオ州コロンバスのクロスセクションデータを用いた推定例を紹介する．従属変数は犯罪率，説明変数は所得と住宅価格である．空間重み行列 $\boldsymbol{W}$ は行標準化した1次隣接行列とし，境界を共有していれば $w_{ij}=1$，そうでなければ0の値をとる．表4.2は最尤法による推定結果，表4.3は直接効果，間接効果を示す．

データを最もよく説明するモデルを調べる方法の1つに，異なるモデルの対数尤度関数（log-likelihood function）の値に基づくLR検定（likelihood ratio test）がある．具体的には，$-2\ (logL_{\mathrm{restricted}} - logL_{\mathrm{unrestricted}})$ の統計量（制限数を自由度とするカイ二乗分布）を使用する．例として，標準モデルとSLXモデルのどちらを採用するかを検討する場合を考える．表4.2の対数尤度の値を見ると，標準モデルは13.776（$logL_{\mathrm{restricted}}$），外生的相互作用（$\boldsymbol{WX}$）を取り入れたSLXモデルは17.075（$logL_{\mathrm{unrestricted}}$）となっている．したがって，標準モデルに対するSLXモデルのLR検定統計量は6.598（$=-2\ (13.776-17.075)$）と計算される．カイ二乗分布は自由度によって形状が変化し，自由度2の5%有意水準での臨界値は5.99であることから，SLXモデルに対する標準モデルは棄却され，SLXモデルが推奨される．

標準モデルを，内生的相互作用（$\boldsymbol{WY}$）を含むSARモデルや，誤差項の相互作用（$\boldsymbol{Wu}$）を含むSEMに拡張すると，相互作用を1つだけ追加したにもかかわらず，対数尤度関数の値はさらに大きくなる．SARモデルとSEMは

表4.2　モデルの比較：犯罪率の推定結果

	標準モデル（OLS）	SAR	SEM	SLX	SAC	SDM	SDEM	GNS
切片	0.686**	0.451**	0.599**	0.750**	0.478**	0.428**	0.735**	0.509
	(14.49)	(6.28)	(11.32)	(11.32)	(4.83)	(3.38)	(8.37)	(0.75)
所得	−1.597**	−1.031**	−0.942**	−1.109**	−1.026**	−0.914**	−1.052**	−0.951**
	(−4.78)	(−3.38)	(−2.85)	(−2.97)	(−3.14)	(−2.76)	(−3.29)	(−2.16)
住宅価格	−0.274**	−0.266**	−0.302**	−0.290**	−0.282**	−0.294**	−0.276**	−0.286**
	(−2.65)	(−3.01)	(−3.34)	(−2.86)	(−3.13)	(−3.29)	(−3.02)	(−2.87)
W* 犯罪率		0.431**			0.368*	0.426**		0.315
		(3.66)			(1.87)	(2.73)		(0.33)
W* 所得				−1.371**		−0.52	−1.157**	−0.693
				(−2.44)		(−0.92)	(−2.00)	(−0.41)
W* 住宅価格				0.192		0.246	0.112	0.208
				(0.96)		(1.37)	(0.56)	(0.73)
W* 誤差項			0.562**		0.166		0.425**	0.154
			(4.19)		(0.56)		(2.69)	(0.15)
R^2	0.552	0.652	0.651	0.609	0.651	0.665	0.663	0.651
対数尤度	13.776	43.263	42.273	17.075	43.419	44.26	44.069	44.311

（注）Elhorst（2014, Table 2.2）を基に作成．** $p<0.05$，* $p<0.1$．括弧内は t 値．W は1次隣接行列．

入れ子（nested）の関係にないため，どちらが優れたモデルであるかを判断することは難しい．標準モデルを出発点として，SARモデルとSEMのどちらがデータをより良く説明するかを判断する方法として，空間ラグと空間誤差のLM検定（Lagrange multiplier test）とロバストLM検定（robust Lagrange multiplier test）がある（Anselin, 1988; Anselin et al., 1996; Anselin and Rey, 2014）．これらのLM検定は，標準モデルの残差に基づき，自由度1のカイ二乗分布に従う．空間ラグのLM検定は，空間的自己相関が存在しないという仮説に基づく．空間誤差のLM検定は，誤差項に空間的自己相関が存在しないという仮説に基づく．Anselin and Rey（2014）は，LM検定を用いたモデルの選択について，次にように提案している．まず，標準モデルを推定する．空間ラグと空間誤差のLM検定の統計量がいずれも有意でない場合，標準モデルが支持される．統計量が空間ラグと空間誤差のいずれか一方のみで有意な場合，有意な方のモデルを採用する．具体的には，空間ラグのみで有意な場合はSARモデルを，空間誤差のみで有意な場合はSEMを選択する．空間ラグと空間誤差の両方で有意な場合は，ロバストLM検定を行う．ロバストLM検定の統計量が空間ラグと空間誤差のいずれか一方だけで有意な場合は，有意となった方のモデルを選択する．両方とも有意な場合は，ロバストLM検定の統計量の大きい方のモデルを選択する．ただし，このケースはまだ十分に検証されていないため，選択には慎重な判断が求められる．モデルの設定や空間重み行列，非空間モデル，関数形などを再検討した方がよい可能性がある．

カイ二乗分布の自由度1における5%有意水準の臨界値は3.84，10%有意水準の臨界値は2.71である．表4.2には記載していないが，Anselin（1988）のコロンバスデータを基にしたLM検定の統計量は，空間ラグで9.36，空間誤差で5.72であり，いずれも5%有意水準で有意である．ロバストLM検定の統計量は，空間ラグが3.72，空間誤差が0.08であり，空間ラグに関しては10%有意水準で有意であるが，空間誤差に関しては有意ではない．したがって，ロバストLM検定の結果に基づくと，SARモデルの採用が支持される．

SDMモデルは，SAR, SEM, SLXモデルを入れ子にする．LR検定に基づくと，SDMはSLXモデルよりも優れているが（LR検定54.370，自由度2の臨界値は5.99），SARモデル（LR検定1.994, 自由度1の臨界値3.84）やSEM（LR

検定3.974, 自由度2の臨界値5.99）よりも優れているとは言えない．SDEMはSLXとSEMを入れ子にする．LR検定に基づくと，SDEMはSLXモデル（LR検定53.998，自由度1の臨界値3.84）より優れているが，SEM（LR検定3.592, 自由度1の臨界値3.84）よりも優れているとは言えない．SDMとSDEMは入れ子になっていないため，どちらがデータをより説明するかについて判断することは困難である．SDMとSDEMを入れ子にするGNSモデルの推定は助けにならない．表4.2の結果に基づくGNSモデルの対数尤度関数の値の増加は小さく，SDM, SDEM, GNSモデルのどれがデータをより説明するかについて結論を導けない．

表4.3は各モデルの直接効果と間接効果を示す．全体的な特徴としては，第1に，表4.2の係数と直接効果の差は比較的小さい．標準モデル，SEM, SLX, SDEMの直接効果は係数と等しい．SAR, SDM, SAC, GNSモデルでは内生的相互作用（$\boldsymbol{WY}$）があるため，直接効果が表4.2の係数と異なる．犯罪率に対する影響が近隣地域からその近隣地域へと波及し，自地域に戻るというフィードバック効果があるためである．GNSモデルでは，所得の直接効果は－1.032であるが，係数は－0.951であることから，フィードバック効果は－0.081（＝－1.032－（－0.951））となる．このフィードバック効果は，係数の8.5%に相当する．

第2に，異なるモデル間の直接効果の差は比較的小さい．空間計量経済モデルの所得の直接効果はSEMの－0.942からSLXモデルの－1.109までの範

表4.3　モデルの比較：犯罪率の限界効果

	標準モデル（OLS）	SAR	SEM	SLX	SAC	SDM	SDEM	GNS
直接効果								
所得	－1.597**	－1.086**	－0.942**	－1.109**	－1.063**	－1.024**	－1.052**	－1.032**
	（－4.78）	（－3.44）	（－2.85）	（－2.97）	（－3.25）	（－3.19）	（－3.29）	（－3.28）
住宅価格	－0.274**	－0.280**	－0.302**	－0.290**	－0.292**	－0.279**	－0.276**	－0.277
	（－2.65）	（－2.96）	（－3.34）	（－2.86）	（－3.10）	（－3.13）	（－3.02）	（0.32）
間接（スピルオーバー）効果								
所得		－0.727*		－1.371**	－0.560	－1.477*	－1.157**	－1.369
		（－1.95）		（－2.44）	（－0.18）	（－1.83）	（－2.00）	（0.02）
住宅価格		－0.188*		0.192	－0.154	0.195	0.112	0.163
		（－1.71）		（0.96）	（－0.39）	（0.66）	（0.56）	（－0.03）

（注）Elhorst（2014, Table 2.3）を基に作成．** $p < 0.05$, * $p < 0.1$．括弧内はt値．Wは1次隣接行列．

囲である．標準モデルのみ，直接効果が－1.597と顕著に大きく，LMおよびLR検定の結果と同様に，標準モデルは棄却される．空間相互作用も空間スピルオーバー効果も考慮しない標準モデルでは，直接効果（絶対値）が過大評価されている．住宅価格の係数は標準モデルの－0.274からSEMの－0.302までの範囲であり，モデル間の差は大きくない．t値の差もGNSモデルを除いて大きくはない．この結果の理由の1つは，GNSモデルの$\boldsymbol{WY}$の空間自己回帰係数の有意性が，（$\boldsymbol{Wu}$の空間自己回帰係数と関係していることから）顕著に低下していることである．同様の現象はSACモデルでも発生している．内生的相互作用が誤差項の相互作用と分離していると，両者の係数は有意になるが，結びついていると非有意になる．もう1つの理由は，異なるモデル間のt値はGNSモデルを除いて比較的安定していることである．GNSモデルのt値は低下する傾向がある．

直接効果に対し，スピルオーバー（間接）効果のモデル間の差は顕著に大きい．全体的な特徴として，SDM, SDEM, GNSモデルに対して，標準モデル，SAR, SEM, SACモデルは皆無あるいは誤ったスピルオーバー効果を生成する．例えば，住宅価格のスピルオーバー効果は，SLX, SDM, SDEM, GNSモデルでは正であるのに対し，標準モデルとSEMでは0, SARとSACモデルでは負になっている．SARとSACモデルはスピルオーバー効果と直接効果の比が各説明変数で一定という強い制約があり，スピルオーバー効果を適切に推定する上で問題がある．

SLX, SDM, SDEM, GNSモデルのスピルオーバー効果は，所得が－1.157から－1.477，住宅価格が0.112から0.195と概ね似たような大きさである．対して，t値は異なり，SLXで比較的絶対値が大きい．LR検定に基づくと，SDMおよびSDEMに対するSLXは棄却される．GNSモデルのt値は相対的に小さい．Gibbons and Overnman（2012）が指摘するように，従属変数の相互作用および誤差項の相互作用を含むと識別が弱く，GNSモデルはパラメータ過多となり，全ての変数の有意性が下がる傾向がある．

4.2　空間パネルデータモデル

4.2.1　モデル

経時的に収集可能な空間データが増加したことで，空間パネルデータモデルおよびその応用研究が顕著に発展してきた．本節では，空間パネルデータを用いた基本的なモデルを解説する．空間パネルデータのGNSモデルは，式4.9のように表せる．

$$\boldsymbol{Y}_t = \delta \boldsymbol{W}\boldsymbol{Y}_t + \alpha \boldsymbol{\iota}_N + \boldsymbol{X}_t\boldsymbol{\beta} + \boldsymbol{W}\boldsymbol{X}_t\,\boldsymbol{\theta} + \boldsymbol{\mu} \qquad (4.9)$$
$$\boldsymbol{u}_t = \lambda \boldsymbol{W}\boldsymbol{u}_t + \boldsymbol{\varepsilon}_t$$

図4.1に示したクロスセクションの空間計量経済モデルと同様に，制約を加えることで標準モデル（OLS），SAR, SEM, SLX, SAC, SDM, SDEMのモデルになる．プーリングデータを使用したモデルでは，空間と時間の不均一性が問題となる．一般的に，空間に特有の時間不変の変数（μ_i）は従属変数に影響を与えるが，これらの変数を全て得ることは難しい．しかし，これらの変数を除いたモデルでは，クロスセクションの推定値にバイアスが生じる可能性がある．同様に，時間に固有の影響（ξ_t）を除いたモデルでは，時系列の推定値にバイアスが生じる可能性がある．

そこで，空間および時間に固有の影響を含む時空間モデルを式4.10に表す．

$$\boldsymbol{Y}_t = \rho \boldsymbol{W}\boldsymbol{Y}_t + \alpha \boldsymbol{\iota}_N + \boldsymbol{X}_t\boldsymbol{\beta} + \boldsymbol{W}\boldsymbol{X}_t\boldsymbol{\theta} + \boldsymbol{\mu} + \xi_t \boldsymbol{\iota}_N + \boldsymbol{u}_t \qquad (4.10)$$
$$\boldsymbol{u}_t = \lambda \boldsymbol{W}\boldsymbol{u}_t + \boldsymbol{\varepsilon}_t$$

ここで，$\boldsymbol{\mu} = (\mu_1, \cdots, \mu_N)^T$である．空間および時間に固有の影響（$\mu_i$と$\xi_t$）は固定効果または変量効果として扱える．固定効果モデルでは，各空間および時間のダミー変数を含める（完全な多重共線性を避けるために変数を1つ除く）．一方，変量効果モデルでは，μ_iとξ_tが平均0，分散$\sigma_\mu{}^2$と$\sigma_\xi{}^2$の独立同分布（i.i.d.）した変量変数として扱う．さらに，変量変数の$\mu_i, \xi_t, \varepsilon_{it}$は互いに独立であると仮定する．

4.2.2 推定例

Elhorst（2014）によるBaltagi and Li（2004）の米国46州，30年間（1963～1992年）のたばこ消費に関するパネルデータセットを用いた推定例を紹介する．従属変数は14歳以上の1人当たりの実質たばこ販売数（パック数），説明変数はたばこパックの平均小売価格および1人当たり実質可処分所得である．全ての変数は対数変換している．空間重み行列$\boldsymbol{W}$は行標準化した隣接行列を用いて，境界を共有していれば$w_{ij}=1$，そうでなければ0の値をとる．

表4.4にSDMの推定例を示す．1列目は直接アプローチ（direct approach）による固定効果モデル，2列目はLee and Yu（2010）のバイアス修正（bias correction procedure）を行った固定効果モデルの推定値を示している．説明

表4.4　SDMの推定結果

	(1) 固定効果		(2) 固定効果（バイアス修正）		(3) 変量効果	
W*Log（C）	0.219	**	0.264	**	0.224	**
	(6.67)		(8.25)		(6.82)	
Log（P）	−1.003	**	−1.001	**	−1.007	**
	(−25.02)		(−24.36)		(−24.91)	
Log（Y）	0.601	**	0.603	**	0.593	**
	(10.51)		(10.27)		(10.71)	
W*Log（P）	0.045		0.093		0.066	
	(0.55)		(1.13)		(0.81)	
W*Log（Y）	−0.292	**	−0.314	**	−0.271	**
	(−3.73)		(−3.93)		(−3.55)	
Phi					0.087	**
					(6.81)	
σ^2	0.005		0.005		0.005	
R^2	0.901		0.902		0.880	
修正済みR^2	0.400		0.400		0.317	
LogL	1691.4		1691.4		1555.5	
Wald検定（空間ラグ）	14.83 (p = 0.006)		17.96 (p = 0.001)		13.90 (p = 0.001)	
LR検定（空間ラグ）	15.75 (p = 0.004)		15.80 (p = 0.004)		14.48 (p = 0.000)	
Wald検定（空間誤差）	8.98 (p = 0.011)		8.18 (p = 0.017)		7.38 (p = 0.025)	
LR検定（空間誤差）	8.23 (p = 0.016)		8.28 (p = 0.016)		7.27 (p = 0.026)	

（注）Elhorst（2014, Table 3.3）を基に作成．** $p < 0.05$, * $p < 0.1$．括弧内は係数のt値，検定のp値．修正済みR^2は固定効果を考慮しないR^2．モデル（1），（2）は時間と空間の固定効果を含む固定効果モデル．モデル（3）は時間の固定効果を含む変量効果モデル．

変数（$\boldsymbol{X}$）およびσ^2の直接アプローチとバイアス修正後の係数の差は小さいが，従属変数と説明変数の空間ラグ（$\boldsymbol{WY}$と$\boldsymbol{WX}$）の係数はバイアス修正に対して比較的センシティブであることがわかる．Wald検定およびLR検定の統計量から，SDMをSEMに単純化できるという仮説（H_0: $\boldsymbol{\theta}+\delta\boldsymbol{\beta}=\boldsymbol{0}$）は棄却される（Wald検定：8.98, 自由度2, $p=0.011$; LR検定：8.23, 自由度2, $p=0.016$）．同様に，SDMをSARモデルに単純化できるという仮説（H_0: $\boldsymbol{\theta}=\boldsymbol{0}$）も棄却される（Wald検定：14.83, 自由度2, $p=0.006$; LR検定：15.75, 自由度2, $p=0.004$）．したがって，SEMやSARに対してSDMが支持される．

表4.4の3列目は，（μ_i）を固定効果ではなく，確率変数（random variable）として扱った変量効果モデルの推定結果を示す．固定効果モデルに対する変量効果モデルの選択方法の1つにハウスマン検定がある．ハウスマン検定の結果（30.61, 自由度5, $p<0.01$）は，変量効果モデルを棄却する．モデル選択のもう1つの方法は，データのクロスセクション部分に関連付けられた重みで0から1の間の値をとるパラメータphi（Elhorst, 2014, 式3.29のφ^2）を推定することである．このパラメータphiが0の時，変量効果モデルは固定効果モデルになり，1の時は空間固定効果を全くコントロールしないモデルとなる．表4.4の結果ではphi＝0.087（$t=6.81$）であり，ハウスマン検定の結果

表4.5　SDM：限界効果

	(1) 固定効果	(2) 固定効果（バイアス修正）	(3) 変量効果
Log（P）の直接効果	−1.015**	−1.013**	−1.018**
	(−24.34)	(−24.73)	(−24.64)
Log（P）の間接効果	−0.210**	−0.220**	−0.199**
	(−2.40)	(−2.26)	(−2.28)
Log（P）の総合効果	−1.225**	−1.232**	−1.217**
	(−12.56)	(−11.31)	(−12.43)
Log（Y）の直接効果	0.591**	0.594**	0.586**
	(10.62)	(10.45)	(10.68)
Log（Y）の間接効果	−0.194**	−0.197**	−0.169**
	(−2.29)	(−2.15)	(−2.03)
Log（Y）の総合効果	0.397**	0.397**	0.417**
	(5.05)	(4.61)	(5.45)

（注）Elhorst（2014, Table 3.4）を基に作成．** $p<0.05$, * $p<0.1$．括弧内はt値．

と同様に，変量効果モデルと固定効果モデルは有意に異なることを示している．

表4.4の推定結果に基づく直接効果，間接効果，総合効果を表4.5に示す．SDMの固定効果（バイアス修正）モデル（2）において，所得および価格の直接効果は0.594および－1.013である．表4.5に示していないが，非空間固定効果モデルから推定された所得弾力性および価格弾力性は0.529および－1.035であり，それぞれ10.9％（＝（0.529－0.594）/0.594）および2.2％（＝（－1.035－（－1.013））/－1.013）過小評価していることを意味する．所得の直接効果は0.594, 係数は0.603であるため，フィードバック効果は－0.009, すなわち直接効果の－1.5％である．価格の直接効果は－1.013, 係数は－1.001であるため，フィードバック効果は0.012, すなわち直接効果の1.2％である．これらのフィードバック効果は比較的小さい．一方，所得の間接効果は直接効果の－33.2％（＝－0.197/0.594），価格の間接効果は直接効果の21.7％（＝－0.220/－1.013）となっている．これら2つの変数の間接効果は有意であり，ある州の所得あるいは価格が変化すると，その州だけでなく，近隣の州のたばこ消費量が変化することを意味する．

説明変数の空間ラグの推定値は，間接効果と符号や有意性が異なる可能性がある．例えば価格の空間ラグの係数は正で非有意だが（表4.4のW*Log（P）），間接効果は負で有意である（表4.5のLog（P）の間接効果）．

表4.5に示すt値は，直接効果に対して間接効果の方が相対的に小さい．価格の場合，直接効果が－24.73に対して間接効果は－2.26，所得は10.45に対して－2.15である．間接効果が有意であるためには，しばしば多くの経時的な観測数が必要となる．短期間のパネルデータの場合，説明変数の空間ラグの係数が同時に有意である仮説（$H_0: \boldsymbol{\theta} = \boldsymbol{0}$）が棄却される傾向がある．この場合，SARモデルの採用がしばしば検討されるが，SARモデルには直接効果と間接効果の比が各説明変数で等しいという強い制約がある．表4.5では，間接効果と直接効果の比が，価格は正で有意（21.7％），所得は負で有意（－33.2％）と全く異なるが，SARモデルではこれらの比が等しいという非現実的な制約が課される．そのため，$\boldsymbol{\theta}$の有意性だけでSARモデルを採用する判断は推奨されない．

第5章

地震被害リスク軽減と住宅地地価

本章では，ヘドニック・アプローチと空間パネルデータモデルを用いて，地震被害リスクの軽減が住宅地地価に与える直接効果と間接（空間スピルオーバー）効果を推定し，地震被害リスクを軽減する都市防災整備の経済効果を定量的に評価する．具体的には，次の2つの問いを分析する．

(1) 地震被害リスクの軽減は，地価を上昇させるか？

(2) 地震被害リスクの軽減には，当該地区だけでなく周辺地域の地価を上昇させる空間スピルオーバー効果があるか？

対象地域は，首都直下地震の切迫性や東京オリンピックの開催等から防災都市づくりを推進してきた東京都とする．地震被害リスク指標には，国土交通省の危険密集市街地（2015, 2017, 2019, 2021年），および東京都の木密地域（2003, 2009, 2015, 2020年）の2つを用いる．危険密集市街地，木密地域はともに町丁単位のデータである．

町丁単位の地震被害リスク指標には，これらの指標とは別に，既存研究でしばしば用いられる東京都の地域危険度データがある（Nakagawa et al., 2007, 2009; Hidano et al., 2015; Kawabata et al., 2022）．本分析では，地域危険度データではなく，危険密集市街地および木密地域データを用いるが，その理由は，地域危険度が相対的な地震被害リスク指標であるのに対し，危険密集市街地および木密地域は地震被害リスクの絶対値に基づき指定されるためである．地域危険度データには，建物倒壊危険度，火災危険度，総合危険度が含まれており，それぞれ危険性の度合いがランク1（低リスク）からランク5（高リスク）まで相対的に評価されている（東京都都市整備局，2023）．そのため，都市防災整備が進み，地震被害リスクが軽減された地区であっても，危険度ランクが変化しないか，逆に上がる可能性がある．

これに対し，危険密集市街地および木密地域は，地区内の住宅戸数密度や不燃領域率等に基づいて，延焼危険性や避難困難性等を考慮して指定される．そのため，都市防災整備が進み，地震被害リスクが減少すれば，危険密集市街地や木密地域の指定から外される．さらに，危険密集市街地および木密地域は，防災対策上整備改善（解消）すべきとの明確な政策目標が立てられている地区である．実際に，都市防災整備の進行に伴い，危険密集市街地および木密地域の地区数および面積は減少してきており，本分析の目的である都市防災整備の経済効果の評価に適している．

危険密集市街地と木密地域については，それぞれ5.1.1項および5.1.2項でより詳細に説明する．

5.1　モデル

分析モデルには，ヘドニック・モデルをベースとする空間固定効果モデル（spatial fixed-effects model）を使用する．比較のために，プーリング回帰モデル，および式5.1に表現する標準的な非空間固定効果モデルを推定する．

$$\boldsymbol{Y}_t = \boldsymbol{X}_t\boldsymbol{\beta} + \boldsymbol{\mu} + \xi_t\boldsymbol{\iota}_N + \boldsymbol{\varepsilon}_t \quad (t = 1, 2, \ldots, T) \tag{5.1}$$

tは時点（年），$\boldsymbol{Y}_t$は地点$i(i=1, 2, \ldots, N)$の$N\times 1$の被説明変数ベクトル，$\boldsymbol{X}_t$は地震被害リスクを含む$N\times K$の説明変数行列，$\boldsymbol{\beta}$は$K\times 1$の回帰係数行列である．空間に特有の時間不変の固定効果は$\boldsymbol{\mu}$，時間効果はξ_tで表す．$\boldsymbol{\iota}_N$は1からなる$N\times 1$の単位ベクトル，$\boldsymbol{\varepsilon}_t$は$N\times 1$の誤差項ベクトルである．推定においては，地区内の標準誤差の相関を許容するクラスタリングされたサンドイッチ推定量を用いる．

次に，式5.2に示す空間固定効果モデルを推定する（Elhorst, 2014）．

$$\boldsymbol{Y}_t = \delta\boldsymbol{W}\boldsymbol{Y}_t + \alpha\boldsymbol{\iota}_N + \boldsymbol{X}_t\boldsymbol{\beta} + \boldsymbol{W}\boldsymbol{X}_t\boldsymbol{\theta} + \boldsymbol{\mu} + \xi_t\boldsymbol{\iota}_N + \boldsymbol{\varepsilon}_t \tag{5.2}$$

$\boldsymbol{W}$は$N\times N$の空間重み行列，$\boldsymbol{W}\boldsymbol{Y}_t$は被説明変数の空間ラグ，$\boldsymbol{W}\boldsymbol{X}_t$は説明変数の空間ラグを表す．式5.2の空間固定効果モデルは，前章の図4.1に示した空間ダービンモデル（SDM: spatial Durbin model）を採用している．（Wald検定の結果，SDMをSEMに単純化できるという仮説（H_0: $\boldsymbol{\theta} + \delta\boldsymbol{\beta} = \boldsymbol{0}$）およびSDM

をSARモデルに単純化できるという仮説（H_0: $\boldsymbol{\theta}=\boldsymbol{0}$）はともに棄却された.）

空間重み行列（$\boldsymbol{W}$）には，距離の閾値よりも遠ければ0, 閾値内であれば逆距離を用いる．距離の閾値には，500 mおよび750 mを採用する．（閾値を250 mのように短くすると観測数が大幅に減少し，モデルを推定できなくなる等の問題が生じやすい．一方，1,000 m以上のような遠方まで空間スピルオーバー効果があるとは考えにくいことから、本分析では500 mと750 mとした.）空間重み行列は行和が1になるように標準化している.

被説明変数には住宅地の公示地価の対数を，説明変数には地震被害リスク指標（危険密集市街地および木密地域）のダミー変数，および時間可変のコントロール変数として，最寄り駅までの距離の対数，町丁単位の人口密度の対数を用いる．使用したデータを以下に説明する.

5.2　データ

5.2.1　危険密集市街地データ

地震被害リスク指標に用いた「地震時等に著しく危険な密集市街地」（危険密集市街地）とは，密集市街地のうち，延焼危険性や避難困難性が特に高く，地震時等において，大規模な火災の可能性，あるいは道路閉塞による地区外への避難経路の喪失の可能性があり，生命・財産の安全性の確保が著しく困難で，重点的な改善が必要な密集市街地を意味する（国土交通省，2021b）．ここで「延焼危険性」と「避難困難性」については，以下のように解説されている.

<u>延焼危険性</u>

際限なく延焼することで大規模な火災による物的被害を生じ，避難困難者が発生する危険性.

[延焼危険性を表す指標]

・住宅戸数密度

地区内の住宅戸数を地区面積で除した密度．その地区の燃え広がりやすさを表す.

・想定平均焼失率

GISを用いて市街地の延焼危険性を直接評価する指標．建物の位置関係も考慮し，全建築面積に対する裸木造，防火木造及び準耐火建築物の延焼影響面積の割合．その地区の燃え広がりやすさを表す．

・不燃領域率

地区内における一定規模以上の道路や公園等の空地面積と，地区内の全建物建築面積に対する耐火建築物等の建築面積の比率から算定される，地区面積に対する不燃化面積の割合．その地区の燃え広がりにくさを表す．

・延焼抵抗率

建物の構造・規模によって異なる「延焼限界距離」の半分のバッファを発生させた時の，大規模空地等を除いた地区面積に対するバッファに含まれない面積の比率．その地区の燃え広がりにくさを表す．

住宅戸数密度に加え，想定平均焼失率，不燃領域率，延焼抵抗率のいずれかを用いて評価を実施．住宅戸数密度が80戸/ha以上あり，かつ，想定平均消失率が20%～25%以上（または不燃領域率が40%未満，または延焼抵抗率35%未満）であると，延焼の危険性が著しいとされる．

避難困難性

建物倒壊および火災の影響により，地区内住民等が地区外へ避難することが困難となる危険性．

[避難危険性を表す指標]

・地区内閉塞度

地区面積，道路幅員別や道路形状（両端接続，行き止まり）別の延長，建物の耐震性能・防火性能別の棟数から算定される確率指標．その地区の内部から地区周縁までの避難の困難さを表す．

地区内閉塞度が「5段階評価で3, 4, 5」（避難確率が97%未満である状態）であると，避難困難性が著しいとされる．

本章の分析では，国土交通省から得た2015, 2017, 2019, 2021年度末の町丁別危険密集市街地データを用いる．元は表データであるが，GISを用いて，政府統計の総合窓口（e-Stat）の2020年国勢調査小地域（町丁・字等）の境界

図5.1　東京23区の危険密集市街地

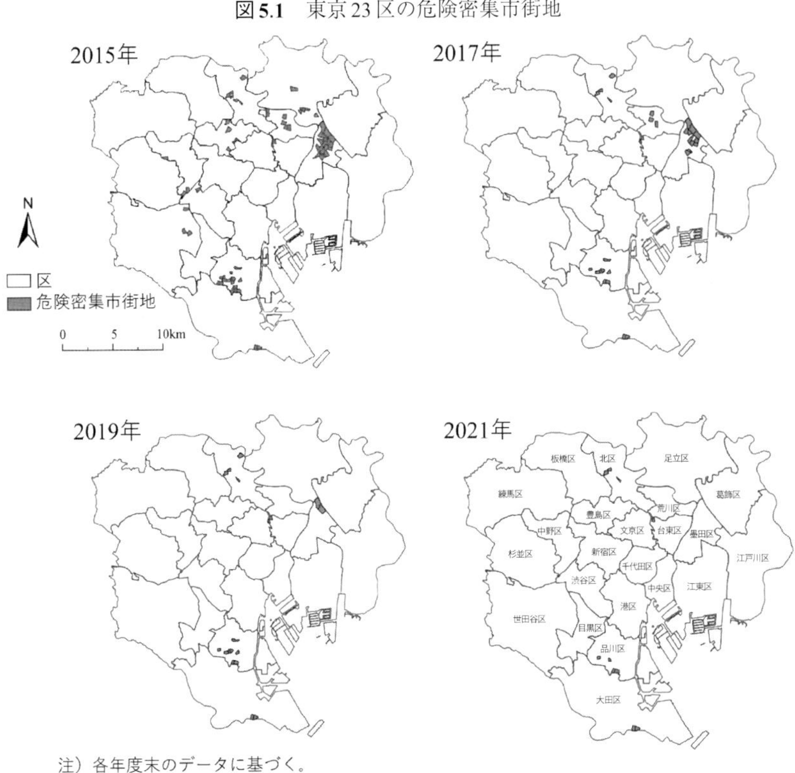

注）各年度末のデータに基づく。

データに結合し，町丁単位のパネルデータを作成した．危険密集市街地は多摩地域には存在しないため，分析の対象地域は東京23区とする．危険密集市街地は都市防災整備が進むにつれて減少し，2015, 2017, 2019, 2021年の危険密集市街地（町丁）の地区数はそれぞれ69, 30, 18, 10に，面積はそれぞれ1,042 ha, 483 ha, 266 ha, 102 haへと減少している[5]．

図5.1に，各年の危険密集市街地の分布図を示す．区の境界は国土数値情報の2020年行政区域データを用いている．危険密集市街地は，2015年では

[5] 危険密集市街地の地区数と面積は国土交通省から得た町丁単位の表データを基にしている．一般に公開されている東京都の危険密集市街地の面積は103 haであるが（国土交通省，2022），当該表データの町丁単位の面積の合計は102 haである．そのため，ここでは102 haと記述している．

足立区，荒川区，大田区，北区，品川区，渋谷区，墨田区，世田谷区，台東区，豊島区，中野区に分布していたが，2021年には大田区，北区，台東区，品川区のみに残るまでに解消していることがわかる．

5.2.2 木密地域データ

もう1つの地震被害リスク指標として用いた「木造住宅密集地域」（木密地域）とは，東京都の木造住宅密集地域整備プログラム（1997年）によって指定された，以下の各指標のいずれにも該当する地域（町丁目）である木造住宅密集地域のうち，2006, 2007年の土地利用現況調査により算出した不燃領域率60％未満の地域である（東京都，2012）．

・木造建築物棟数率（木造建築物棟数／全建築物棟数）が70％以上
・老朽木造建築物棟数率（1970年以前の木造建築物棟数／全建築物棟数）が30％以上
・住宅戸数密度が55世帯／ha以上
・不燃領域率が60％未満

本章の分析では，東京都都市整備局から得た2003, 2009, 2015, 2020年の町丁単位のシェープファイル形式の木密地域データを用いる．GISを用いて，各年の木密地域をe-Statの2020年国勢調査小地域（町丁・字等）境界データに重心が含まれる方法で結合し，町丁単位のパネルデータを作成した．

各年の木密地域の分布図を図5.2に示す．危険密集市街地と同様に，区の境界は国土数値情報の2020年行政区域データを用いている．2003年の状況では，木密地域は主に山手線外周部を中心に広範囲に存在していた．2020年までにこの状況は大幅に改善されたが，依然として主に山手線外周部に少なからず存在し，多摩地域にもまばらに点在していることがわかる．木密地域の2003, 2009, 2015, 2020年の地区（町丁）数は，それぞれ1,320, 862, 741, 495,面積はそれぞれ約24,000 ha, 約16,000 ha, 約13,000 ha, 約8,600 haである[6].

---

[6] 木密地域の面積は，東京都都市整備局に問い合わせて得たデータである．2009, 2015, 2020年のデータは当該年度の防災都市づくり推進計画（改訂版）による．（2020年度は一部修正版による）．2003年のデータは1996年度に東京都住宅局が策定した，「木造住宅密集地域整備プログラム」の数値による．

図5.2　東京都の木密地域

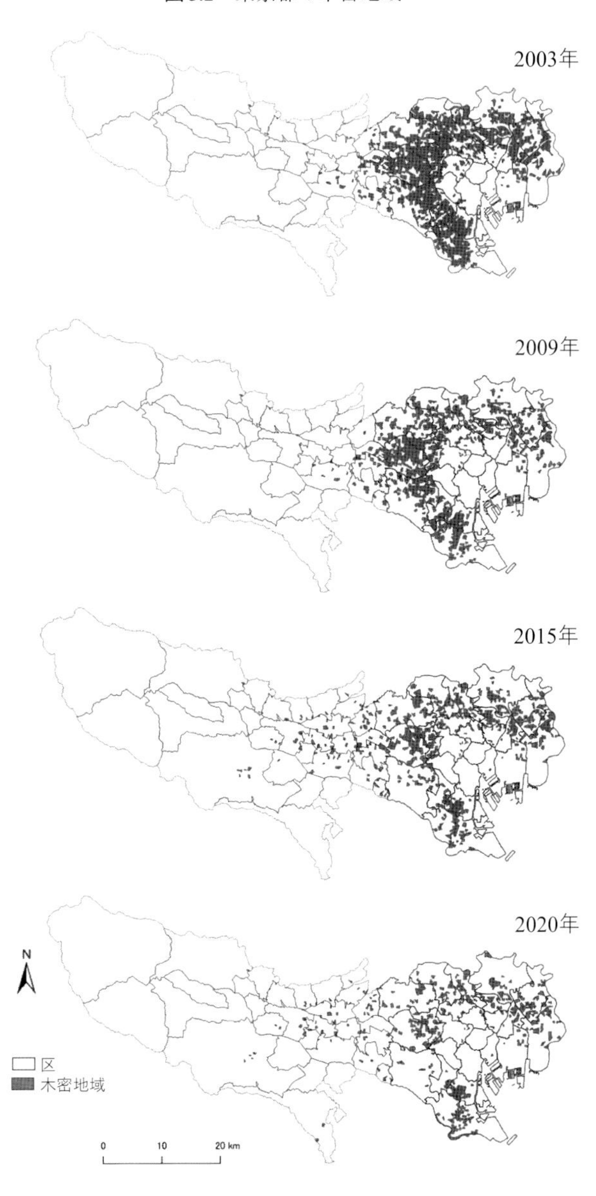

5.2.3　地価データ

地価データには，国土数値情報の地価公示（標準地：住宅地）データを用いる．国土数値情報の地価公示データは，地価公示法に基づいて調査・公示される各年1月1日時点の標準地について，位置（点），公示価格，利用現況，用途地域，地籍等をGISで扱える空間データとして整備したものである．標準地は，特に次の4点に留意して選定される（国土交通省土地鑑定委員会，2023）．

(1) 標準地の代表性：市町村（都の特別区および政令指定都市の区を含む．）の区域内において，適切に分布し，当該区域全体の地価水準をできる限り代表しうるものであること．

(2) 標準地の中庸性：標準地が設定される区域（以下，標準地設定区域）内において，土地の利用状況，環境，地籍，形状等が中庸のものであること．

(3) 標準地の安定性：標準地設定区域内における安定した土地の利用状況に配慮したものであること．また，土地の利用状況が移行している地域内にある場合にあっては，そのような変化に十分に配慮したものであること．

(4) 標準地の確定性：明確に他の土地と区別され，範囲が特定できるものであること．また，選定する標準地の特性を踏まえ，範囲の特定する方法を広く考慮することで，範囲の特定が容易な地点に偏ることがないように配慮すること．

標準地は毎年点検され，適格性に欠ける場合は変更される．公示される地価は，毎年1月1日における標準地の単位面積当たりの正常な価格（円/m^2）である．正常な価格とは，土地について，自由な取引が行われるとした場合におけるその取引において通常成立すると認められる価格を意味し，売手や買手に偏らない客観的な価値を表したものである．標準地に建物がある場合や地上権その他当該土地の使用収益を制限する権利がある場合は，そうした建物や権利がないものとして，すなわち更地として，価格が判定される．

本分析に用いる地価データは，標準地が住宅地の公示価格（円/m^2）である．危険密集市街地は2015, 2017, 2019, 2021年，木密地域は2003, 2009, 2015, 2020年の地価データを用い，それぞれの地震被害リスク指標の期間に選定

図5.3　危険密集市街地の分析に用いた地価（住宅地）データ

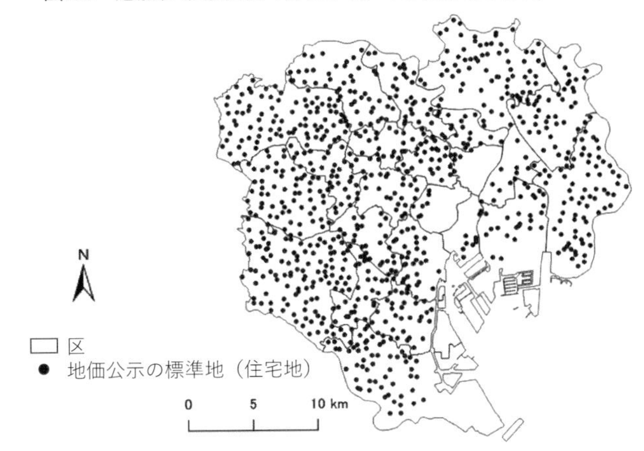

図5.4　木密地域の分析に用いた地価（住宅地）データ

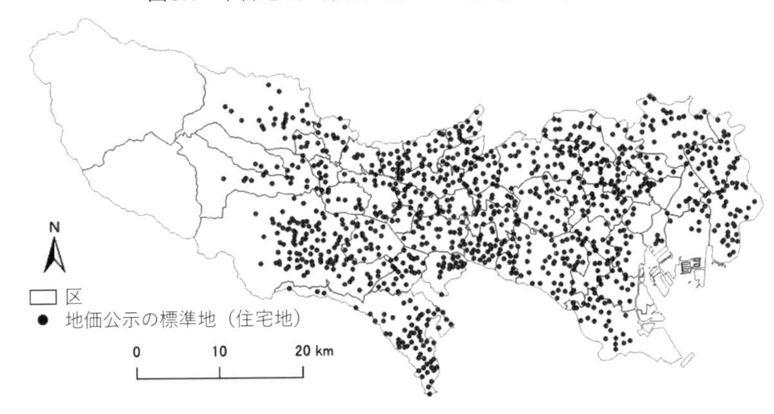

替えのない標準地（地点）のパネルデータを作成した．図5.3に危険密集市街地の分析に用いた地価データ，図5.4に木密地域の分析に用いた地価データの分布図を示す．

5.2.4　その他のデータ

時間可変のコントロール変数には，最寄り駅までの距離と人口密度を用いる．最寄り駅には，国土数値情報の鉄道時系列データの駅データを用いた．最寄り駅までの距離は，GISを用いて地価の標準地から最寄り駅までの直線距離を算出した[7]．人口密度は，1 km^{2}当たりの人口とする．危険密集市街地の分析においては，危険密集市街地データと同年の2015, 2017, 2019, 2021年の町丁単位の住民基本台帳に基づく人口データを使用した．木密地域の分析には，木密地域データ（2003, 2009, 2015, 2020年）と同年あるいは近い年である2005, 2010, 2015, 2020年の国勢調査4次メッシュ（500メッシュ）データの人口総数を用いた．値がない，あるいは町丁の境界変化により集計できない場合はサンプルから除外した．

表5.1に，危険密集市街地，木密地域のそれぞれを用いたモデルの変数の基本統計量を示す．観測数（N）は，危険密集市街地を用いたモデルでは2,376，木密地域を用いたモデルでは3,980である．住宅地地価，最寄り駅までの距離，人口密度については，モデルではそれぞれの自然対数を使用している．

表5.1　基本統計量

	平均	標準偏差	最小値	最大値
危険密集市街地を用いたモデル				
住宅地地価（円/m^2）	587,168	418,241	168,000	4,840,000
危険密集市街地ダミー	0.01	0.09	0	1
最寄り駅までの距離（m）	576	347	42	2,417
人口密度（人口/km^2）	18,596	6,754	1,157	58,886
N = 2,376, T = 4（2015, 2017, 2019, 2021年）				
木密地域を用いたモデル				
住宅地地価（円/m^2）	336,211	284,499	30,100	4,720,000
木密地域ダミー	0.16	0.36	0	1
最寄り駅までの距離（m）	871	686	42	4,751
人口密度（人口/km^2）	13,152	7,038	88	41,448
N = 3,980, T = 4（2003, 2009, 2015, 2020年）				

[7] 地価公示データには最寄り駅までの道路上の距離が含まれるが，多くの観測値に測定誤差が見られた．そのため，同地点の標準地から最寄り駅であっても，年によって入力されている距離に若干の差があり，パネルデータ分析には適さない．最寄り駅までの距離は，各該当年の道路ネットワークデータを利用できないため，直線距離としている．

5.3　分析結果

表5.2に，危険密集市街地を用いたプーリング回帰モデル，非空間（標準）固定効果モデル，空間固定効果モデル（閾値500 m, 750 m）の推定結果，表5.3に同様に木密地域を用いたそれぞれのモデルの推定結果を示す．いずれのモデルも被説明変数は地価（住宅地）の自然対数である．

危険密集市街地および木密地域の非空間固定効果モデルのF検定（全てのパ

表5.2　推定結果（危険密集市街地）

	プーリング回帰モデル	非空間固定効果モデル	空間固定効果モデル	
			閾値500 m	閾値750 m
危険密集市街地ダミー	−0.157	−0.046**	−0.062***	−0.046***
	(0.148)	(0.018)	(0.015)	(0.012)
最寄り駅までの距離（対数）	−0.368***	−8.710***	−8.253	−14.759***
	(0.037)	(0.109)	(27.585)	(24.83)
人口密度（対数）	−0.086	0.121***	0.086***	0.064***
	(0.072)	(0.027)	(0.022)	(0.016)
切片	16.153***	65.827***		
	(0.833)	(0.618)		
2017年	0.058***	0.054***	0.052***	0.037***
	(0.002)	(0.001)	(0.002)	(0.002)
2019年	0.144***	0.137***	0.127***	0.094***
	(0.004)	(0.002)	(0.003)	(0.002)
2021年	0.184***	0.176***	0.163***	0.121***
	(0.006)	(0.003)	(0.003)	(0.003)
空間ラグ				
W×危険密集市街地			−0.045*	−0.026
			(0.020)	(0.020)
W×最寄り駅までの距離（対数）			6.333	8.484
			(27.6)	(35.37)
W×人口密度（対数）			0.036	0.076***
			(0.026)	(0.022)
W×被説明変数			0.172***	0.337***
			(0.018)	(0.015)
F検定（全てのパネル効果＝0）		861.3***		
空間ラグ変数のWald検定			126.0***	634.8***
N	2,376	2,376	1,320	2,196

（注）$^{*}p<0.05$, $^{**}p<0.01$, $^{***}p<0.001$. 括弧内は標準誤差.

表5.3　推定結果（木密地域）

	プーリング回帰モデル	非空間固定効果モデル	空間固定効果モデル	
			閾値 500 m	閾値 750 m
木密地域ダミー	0.051*	−0.080***	−0.017*	−0.018***
	(0.026)	(0.007)	(0.007)	(0.004)
最寄り駅までの距離（対数）	−0.274***	−0.182***	−0.020	−0.055***
	(0.025)	(0.020)	(0.013)	(0.010)
人口密度（対数）	0.546***	0.260***	0.085***	0.054***
	(0.028)	(0.036)	(0.022)	(0.011)
切片	9.210***	11.279***		
	(0.377)	(0.370)		
2009年	0.005	0.011*	0.002	0.000
	(0.005)	(0.004)	(0.004)	(0.002)
2015年	−0.067***	−0.063***	−0.025***	−0.024***
	(0.006)	(0.005)	(0.004)	(0.002)
2020年	0.184***	0.025***	0.003*	0.002
	(0.008)	(0.007)	(0.004)	(0.002)
空間ラグ				
W×木密地域ダミー			−0.012	−0.024***
			(0.007)	(0.004)
W×最寄り駅までの距離（対数）			−0.042**	−0.009
			(0.013)	(0.010)
W×人口密度（対数）			0.100***	0.089***
			(0.023)	(0.013)
W×被説明変数			0.651***	0.682***
			(0.014)	(0.009)
*F*検定（全てのパネル効果＝0）		107.0***		
空間ラグ変数のWald検定			2416.6***	6212.4***
N	3,980	3,980	1,212	2,892

（注）$^{*}p<0.05$, $^{**}p<0.01$, $^{***}p<0.001$. 括弧内は標準誤差.

ネル効果＝0）の結果は，プーリング回帰よりも非空間固定効果モデルが優れていることを示している．（非空間変量効果モデルも推定したが，ハウスマン検定の結果，固定効果モデルの方が適していることが示された．）さらに，空間固定効果モデルの空間ラグ変数のWald検定の結果は，非空間固定効果モデルよりも空間固定効果モデルの方が優れていることを示している．空間固定効果モデルの観測数（*N*）がプーリング回帰および非空間固定効果モデルよりも少ないのは，閾値（500 m, 750 m）内にない観測値が除かれているためである．

4.1.2項で解説したように，表5.2および表5.3の空間固定効果モデルの係

表5.4　危険密集市街地と木密地域の平均限界効果

	プーリング回帰モデル	非空間固定効果モデル	空間固定効果モデル					
			閾値500 m			閾値750 m		
			総合効果	直接効果	間接効果	総合効果	直接効果	間接効果
危険密集市街地	−0.157	−0.046**	−0.106***	−0.068***	−0.039**	−0.099***	−0.054***	−0.046**
	(0.148)	(0.018)	(0.023)	(0.015)	(0.014)	(0.024)	(0.012)	(0.02)
木密地域	0.051*	−0.080***	−0.083***	−0.040 **	−0.043**	−0.133***	−0.047***	−0.086***
	(0.026)	(0.007)	(0.024)	(0.012)	(0.013)	(0.016)	(0.006)	(0.011)
N（危険密集市街地）	2,376	2,376	1,320			2,196		
N（木密地域）	3,980	3,980	1,212			2,892		

（注）$^{*}p<0.05$, $^{**}p<0.01$, $^{***}p<0.001$. 括弧内は標準誤差.

数は限界効果を表さない．そこで，空間固定効果モデルについては，危険密集市街地および木密地域の平均限界効果として，直接効果，間接効果，それらを合わせた総合効果を計算し，その結果を表5.4に報告する．比較のために，プーリング回帰および非空間固定効果モデルの限界効果も示している．（プーリング回帰および非空間固定効果モデルの限界効果は表5.2および表5.3の推定値に等しい．）

表5.4に基づき，まず，危険密集市街地の結果を報告する．プーリング回帰モデルの限界効果は負だが有意ではない．一方，非空間固定効果モデルの平均限界効果は予想通り有意に負であり，危険密集市街地を解消すると地価が上昇することを示している．非空間固定効果モデルの平均限界効果の値（−0.046）は，危険密集市街地を解消すると地価が4.6％上昇することを表している．

空間固定効果モデルの推定結果を見ると，直接効果，間接（空間スピルオーバー）効果，総合効果はいずれも負で有意であり，危険密集市街地が解消されると，当該地区だけでなく，近隣地区の地価も上昇することを示している．直接効果と間接効果を合わせた総合効果の値は，危険密集市街地の解消によって，地価が閾値500 mでは10.6％，閾値750 mでは9.9％上昇することを示している．いずれの総合効果の値も，空間スピルオーバー効果が存在しないと仮定する非空間固定効果モデルの平均限界効果（4.6％の上昇）に比べ，絶対値が大きい．

次に，木密地域の結果に着目する．プーリング回帰モデルの限界効果は，予想に反して正の値となっている．固定効果を考慮しないプーリング回帰モデルでは，地価に影響を与える地点固有の要因（都心からの距離，用途地域等）が適切にコントロールされていないため，除外変数によるバイアスが生じていると考えられる．一方，非空間固定効果モデル，空間固定効果モデルの平均限界効果は，期待通りいずれも負の値で有意である．

非空間固定効果モデルの平均限界効果の値（－0.080）は，木密地域を解消すると，地価が8.0％上がることを示している．空間固定効果モデルの直接効果，間接効果は負で有意であり，危険密集市街地の場合と同様に，木密地域の解消は，当該地区だけでなく近隣地域の地価も上昇させることを示している．直接効果と間接効果を合わせた総合効果は，木密地域を解消すると，地価が閾値500 mでは8.3％，閾値750 mでは13.3％上昇することを示している．空間固定効果モデルの総合効果は，危険密集市街地の場合と同様に，非空間固定効果モデルの平均限界効果（8.0％の上昇）よりも絶対値が大きい．

このように，非空間および空間固定効果モデルの推定結果は，危険密集市街地と木密地域が解消すると地価が有意に上昇することを示しているが，その度合いには違いが見られる．空間固定効果モデルの総合効果を見ると，閾値500 mでは危険密集市街地解消に伴う地価の上昇は10.6％であるのに対し，木密地域解消による上昇は8.3％である．一方，閾値750 mの場合は，危険密集市街地解消に伴う地価の上昇は9.9％であるのに対し，木密地域解消による上昇は13.3％である．この違いは，危険密集市街地と木密地域の定義，データの年次や分布の違いによるものと考えられる．図5.1, 図5.2に示すように，危険密集市街地の方が，木密地域よりも地区数が少なく，面積が狭い．危険密集市街地は著しく危険な密集市街地であり，木密地域よりもその解消が地価に与える影響は大きいと考えられる．しかし，非空間固定効果モデルでは，危険密集市街地よりも木密地域の方が地価の上昇に示す解消効果が大きい．空間固定効果モデルでは，閾値500 m, 閾値750 mの直接効果はともに期待通り危険密集市街地の方が木密地域よりも解消効果が大きいが，間接効果はその逆になっている．危険密集市街地と木密地域はその周辺地域の特徴に違いがあることも考えられ，それがこのような混在した結果になっている原因とも考えられる．これらの原因の解明については，今後の課題としたい．

本分析では，隣接地域の範囲を500 mと750 mに設定した結果を報告しているが，危険密集市街地，木密地域ともに閾値を500 mよりも近い距離や750 mよりも遠い距離に設定したモデルも推定している．しかし，閾値を近い距離（たとえば250 m）に設定すると，観測数が大幅に減少し，モデルを推定できなかったり，直接効果，間接効果，総合効果が有意ではなくなったり，結果が不安定になる傾向が見られた．一方で，閾値を遠い距離（たとえば1,000 m）にすると，サンプルは増加し，直接効果，間接効果，総合効果は安定的に有意となるが，直接効果に対する間接効果の絶対値が不自然に大きくなる傾向が見られた．

第6章

結論

南海トラフ地震や首都直下地震といった大規模地震の切迫性に直面する日本では，防災都市づくりが重要な政策課題となってきた．建物の耐震化や不燃化をはじめとする防災対策の都市整備が進められた結果，東京都では，2012年から2022年の10年間で首都直下地震等の被害想定で顕著な減災効果が確認されている（東京都，2022）．しかし，こうした地震被害リスクを軽減する都市整備の経済効果を分析した研究は十分に行われていない．そこで本書では，東京都の危険密集市街地および木密地域の整備改善を事例として取り上げ，これらの地域の整備が地価に与える影響を分析した．

危険密集市街地および木密地域は，特に火災・延焼リスクが高く，それらの整備改善は当該地区だけでなく，周辺地域の地価を上昇させることが考えられる．本書の分析では，空間計量経済学の手法を用いることによって，そうした周辺地区に波及する空間スピルオーバー効果も含めた地価への影響を分析した．GISを用いてパネルデータを構築し，空間固定効果モデルを推定した結果，危険密集市街地や木密地域が解消されると，いずれも当該地区だけでなく，周辺地域の地価が上昇する空間スピルオーバー効果のあることが確認された．この結果は，これらの地域の整備改善が，当該地区内だけでなく，周辺地区にも経済的な便益をもたらすことを示唆している．

さらに，本分析の結果，空間スピルオーバー効果を含めた空間固定効果モデルの総合効果は，空間スピルオーバー効果を考慮しない従来の非空間固定効果モデルの平均限界効果よりも絶対値が大きいことが明らかになった．危険密集市街地の解消が地価に与える影響は，非空間固定効果モデルの推定結果では4.6%の上昇である一方，空間固定効果モデルの総合効果では閾値500 mの場合で10.6%，閾値750 mの場合で9.9%の上昇であり，効果の度合いが比較的大きい．同様に，木密地域の解消が地価に与える影響についても，非空間固定効果モデルによる推定では8.0％の上昇であるが，空間固定効果モデルでは閾値500 mの場合で8.3％，閾値750 mの場合で13.3％の上昇となり，効果の度合いが比較的大きいことが示された．これらの結果は，危険密集市街地や木密地域の整備改善の経済効果を評価する際には，整備改善した地区内だけでなく，その周辺地域への影響も考慮する重要性を示唆している．

本分析の推定結果（表5.4）は，危険密集市街地および木密地域を解消する都市整備の便益推定に活用できる．本分析に使用したデータに基づくと，東京都の危険密集市街地は，2015年から2021年にかけて1,042 haから102 haに減少した[8]．2015年の危険密集市街地の平均地価（住宅地）は，43万5,300円/m^{2}である．推定結果に基づくと，この6年間の危険密集市街地の解消効果は，空間スピルオーバー効果を考慮しない場合で約1,882億円，空間スピルオーバー効果を含めると閾値500 mの場合で約4,133億円，閾値750 mの場合で約3,560億円となる．一方，木密地域は，2003年から2020年にかけて約24,000 haから約8,600 haに縮小した．推定結果に基づくと，この17年間の木密地域の解消効果は，空間スピルオーバー効果を考慮しない場合で約5兆337億円，空間スピルオーバー効果を含めると閾値500 mの場合で約5兆2,225億円，閾値750 mの場合で約8兆3,686億円となる．このような推計は，地震被害リスクを軽減する都市防災整備の便益評価に役立つと期待する．さらに，これらの結果は，危険密集市街地や木密地域の整備改善が，当該地区だけでなく，より広範囲の経済効果をもたらすことを示唆している．

本書では，地価に公示地価を用いて分析した．しかし，公示地価の標準地（住宅地）は図5.3，図5.4に示すようにまばらに点在しているため，狭い範囲の空間スピルオーバー効果の把握や空間スピルオーバー効果が及ぶ範囲の詳細な分析には適さず，それらの解明には至っていない．路線価など空間的に密な地価データを用いれば，空間スピルオーバー効果の精緻な分析やその影響範囲の特定が可能になると考えられる．間接効果を適切に理解し把握することは，望ましい都市防災整備を展開するうえで有益であろう．危険密集市

[8] 脚注5参照．

街地や木密地域の整備改善には，しばしば大規模な再開発事業が行われ，細分化された敷地を集約して高層マンションや高層ビルの建設，オープンスペースや公共施設等が整備されてきた．このような大規模再開発によって，地震被害リスクには直接関連しない地域のアメニティが向上し，地価が上昇している可能性もある．本分析では，地震被害リスク軽減の都市整備として地震被害リスクと地震被害リスク以外のアメニティを区別していないが，特定の大規模再開発事業を対象に，両者の影響を識別した分析も考えられる．本分析では住宅地を対象としたが，商業地を対象とした分析も必要であろう．今後は，これらの点についても検討し，望ましい都市防災整備に役立つ研究を進めていきたい．

気象庁「日本付近で発生した主な被害地震（平成8年以降）」（https://www.data.jma.go.jp/eqev/data/higai/higai1996-new.html, 最終閲覧日 2023年9月9日）
国土交通省（2012）「「地震時等に著しく危険な密集市街地」について」（https://www.mlit.go.jp/report/press/house06_hh_000102.html, 最終閲覧日 2023年6月22日）
国土交通省（2013）「国土強靱化の推進に関する関係府省庁連絡会議（第4回）決定事項」（https://www.cas.go.jp/jp/seisaku/kyoujinka/kettei/130808/index.html, 最終閲覧日 2023年6月22日）
国土交通省（2021a）「2021河川データブック」（https://www.mlit.go.jp/river/toukei_chousa/kasen_db/pdf/2021/0-1all.pdf, 最終閲覧日 2023年9月6日）
国土交通省（2021b）「「地震時等に著しく危険な密集市街地」について」（https://www.mlit.go.jp/jutakukentiku/house/jutakukentiku_house_tk5_000086.html, 最終閲覧日 2023年9月6日）
国土交通省（2022）「密集市街地の整備改善について」（https://www.mlit.go.jp/jutakukentiku/house/content/001485928.pdf, 最終閲覧日 2023年9月6日）
国土交通省土地鑑定委員会（2023）『令和5年地価公示』（https://www.mlit.go.jp/tochi_fudousan_kensetsugyo/content/001587402.pdf, 最終閲覧日 2023年9月6日）
国連開発計画（United Nations Development Programme）（2023）「トルコ・シリア大地震に対するUNDPの対応」（https://www.undp.org/ja/japan/turkiye-syria-earthquakes, 最終閲覧日 2023年6月22日）
地震調査研究推進本部（2023）「活断層及び海溝型地震の長期評価結果一覧（2023年1月1日での算定）」（https://www.jishin.go.jp/main/choukihyoka/ichiran.pdf, 最終閲覧日 2023年6月22日）
中央防災会議 首都直下地震対策検討ワーキンググループ（2013）「首都直下地震の被害想定と対策について（最終報告）～人的・物的被害（定量的な被害）～」（https://www.bousai.go.jp/jishin/syuto/taisaku_wg/pdf/syuto_wg_siryo01.pdf, 最終閲覧日 2023年9月9日）
中央防災会議 南海トラフ巨大地震対策検討ワーキンググループ（2019）「南海トラフ巨大地震の被害想定について（再計算）～経済的な被害～」（https://www.bousai.go.jp/jishin/nankai/taisaku_wg/pdf/3_sanko.pdf, 最終閲覧日 2023年9月9日）
中央防災会議 南海トラフ巨大地震対策検討ワーキンググループ（2019）「南海トラフ巨大地震の被害想定について（再計算）～建物被害・人的被害～」（https://www.bousai.go.jp/jishin/nankai/taisaku_wg/pdf/1_sanko2.pdf, 最終閲覧日 2023年9月9日）
中央防災会議 日本海溝・千島海溝沿いの巨大地震対策検討ワーキンググループ（2021）「日本海溝・千島海溝沿いの巨大地震の被害想定について：定量的な被害」

（https://www.bousai.go.jp/jishin/nihonkaiko_chishima/WG/pdf/211221/shiryo03.pdf, 最終閲覧日 2023 年 9 月 9 日）
東京都（2012）「「木密地域不燃化 10 年プロジェクト」実施方針」（https://www.toshiseibi.metro.tokyo.lg.jp/bosai/mokumitu/pdf/houshin.pdf, 最終閲覧日 2023 年 6 月 22 日）
東京都（2022）「首都直下地震等による東京の被害想定（令和 4 年 5 月 25 日公表）」東京都防災ホームページ（https://www.bousai.metro.tokyo.lg.jp/taisaku/torikumi/1000902/1021571.html, 最終閲覧日 2023 年 6 月 22 日）
東京都（2023）「防災都市づくり推進計画」（https://www.toshiseibi.metro.tokyo.lg.jp/bosai/bosai4.htm, 最終閲覧日 2023 年 6 月 22 日）
東京都都市整備局（2017）「用語の説明・防災コラム」（https://www.toshiseibi.metro.tokyo.lg.jp/bosai/sokushin/glossary_06.html, 最終閲覧日 2023 年 6 月 22 日）
東京都都市整備局（2023）「地震に関する地域危険度測定調査」（https://www.toshiseibi.metro.tokyo.lg.jp/bosai/chousa_6/home.htm, 最終閲覧日 2023 年 6 月 22 日）
東京都防災会議（2023）「東京都地域防災計画　震災編（令和 5 年修正）」
土木学会（2018）『「国難」をもたらす巨大災害対策についての技術検討報告書』
内閣府（2011）「東日本大震災における被害額の推計について」（https://www.bousai.go.jp/2011daishinsai/pdf/110624-1kisya.pdf, 最終閲覧日 2023 年 6 月 22 日）
内閣府（2021）「日本の災害対策」内閣府政策統括官（防災担当）
内閣府（2023a）「「関東大震災 100 年」特設ページ」（https://www.bousai.go.jp/kantou100/, 最終閲覧日 2023 年 9 月 9 日）
内閣府（2023b）「最近の主な自然災害について（阪神・淡路大震災以降）」（https://www.bousai.go.jp/updates/shizensaigai/shizensaigai.html, 最終閲覧日 2023 年 6 月 22 日）
日本住宅総合研究センター（2021）『調査研究リポート No. 19325 災害リスクと地価のパネルデータ分析』
Aguirre, P., Asahi, K., Diaz-Rioseco, D., Riveros, I., Valdés, R. O. (2022) Medium-run local economic effects of a major earthquake. Journal of Economic Geography, 23(2): 277–297.
Anselin, L. (1988) *Spatial Econometrics: Methods and Models*. Dordrecht: Kluwer.
Anselin, L., Bera, A. K., Florax, R., Yoon, M. J. (1996) Simple diagnostic tests for spatial dependence. *Regional Science and Urban Economics* 26(1): 77–104.
Anselin, L., Rey, S. J. (2014) *Modern Spatial Econometrics in Practice: A Guide to GeoDa, GeoDaSpace and PySAL* Chicago, IL: GeoDa Press.
Baltagi, B. H., Li, D. (2004) Prediction in the panel data model with spatial autocorrelation. In: Anselin, L., Florax, RJGM, Rey, S. J. (eds.) *Advances in Spatial Econometrics: Methodology, Tools, and Applications*. Berlin Heidelberg New York: Springer, pp. 283–295.
Barone, G., Mocetti, S. (2014) Natural disasters, growth and institutions: a tale of two earthquakes. *Journal of Urban Economics* 84: 52–66.

Beron, K. J., Murdoch, J. C., Thayer, M. A., Vijverberg, W. P. M. (1997) An analysis of the housing market before and after the 1989 Loma Prieta Earthquake. *Land Economics* 73(1): 101–113.

Brookshire, D. S., Thayer, M. A., Tschihart, J., Schulze, W. D. (1985) A test of the expected utility model: evidence from earthquake risks. *Journal of Political Economy* 93(2): 369–389.

Cole, M. A., Elliott, R. J. R., Okubo, T., Strobl, E. (2019) Natural disasters and spatial heterogeneity in damages: the birth, life and death of manufacturing plants. *Journal of Economic Geography* 19: 373–408.

Elhorst, J. P. (2014) *Spatial Econometrics: from Cross-Sectional Data to Spatial Panels*. Heidelberg: Springer.

Fekrazad, A. (2019) Earthquake-risk salience and housing prices: evidence from California. *Journal of Behavioral and Experimental Economics* 78: 104–113.

Fomby, T., Ikeda, Y., Loayza, N. V. (2013) The growth aftermath of natural disasters. *Journal of Applied Econometrics* 28: 412–434.

Fujiki, H., Hsiao, C. (2015) Disentangling the effects of multiple treatments—measuring the neteconomic impact of the 1995 great Hanshin-Awaji earthquake. *Journal of Econometrics* 186: 66–73.

Gibbons, S. Overman, H. G. (2012) Mostly pointless spatial econometrics? *Journal of Regional Science* 52: 172–191.

Gu, T., Nakagawa, M., Saito, M., Yamaga, H. (2018) Public perceptions of earthquake risk and the impact on land pricing: the case of the Uemachi fault line in Japan. *Japanese Economic Review* 69(4): 374–393.

Hidano, N., Hoshino, T., Sugiura, A. (2015) The effect of seismic hazard risk information on property values: evidence from a spatial regression discontinuity design. *Regional Science and Urban Economics* 53: 113–122.

Kawabata, M., Naoi, M., Yasuda, S. (2022) Earthquake risk reduction and residential land prices in Tokyo. *Journal of Spatial Econometrics* 3, 5. (https://doi.org/10.1007/s43071-022-00020-z)

Lee, L. F., Yu, J. (2010) Estimation of spatial autoregressive panel data models with fixed effects. *Journal of Econometrics* 154(2): 165–185.

LeSage, J. P. (2014) What regional scientists need to know about spatial econometrics. *SSRN Electronic Journal* 44(1): 1–31.

LeSage, J., Pace, R. K. (2009) *Introduction to Spatial Econometrics*. FL: CRC Press.

Nakagawa, M., Saito, M., Yamaga, H. (2007) Earthquake risks and housing rents: evidence from the Tokyo metropolitan area. *Regional Science and Urban Economics* 37: 87–99.

Nakagawa, M., Saito, M., Yamaga, H. (2009) Earthquake risks and land prices: evidence from the Tokyo metropolitan area. *Japanese Economic Review* 60(2): 208–222.

Naoi, M., Seko, M., Sumita, K. (2009) Earthquake risk and housing values in Japan: evidence before and after massive earthquakes. Regional Science and Urban Economics. 39(6): 658–669.

Nguyen, C. N., Noy, I. (2020) Measuring the impact of insurance on urban earthquake recovery using nightlights. *Journal of Economic Geography* 20: 857–877.

Önder, Z., Dökmeci, V., Keskin, B. (2004) The impact of public perception of earthquake risk on Istanbul's housing market. *Journal of Real Estate Literature* 12(2): 181–194.

Singh, R. (2019) Seismic risk and house values: evidence from earthquake fault zoning. *Regional Science and Urban Economics* 75: 187–209.

Skidmore, M., Toya, H. (2002) Do natural disasters promote long-run growth? *Economic Inquiry* 40(4): 664–687.

著者紹介

河端　瑞貴

1995年　慶應義塾大学経済学部卒業
2002年　マサチューセッツ工科大学大学院博士課程
　　　　都市計画専攻修了
2005年　東京大学空間情報科学研究センター助教授
　　　　（准教授）
2012年　慶應義塾大学経済学部准教授
現在　　慶應義塾大学経済学部教授
　　　　元．三菱経済研究所兼務研究員

都市防災整備の経済効果

2024年1月15日　発行

定価　本体1,000円＋税

著　者　　河端瑞貴（カワバタミズキ）

発行所　　公益財団法人　三菱経済研究所
　　　　　東京都文京区湯島4-10-14
　　　　　〒113-0034 電話(03)5802-8670

印刷所　　株式会社　国際文献社
　　　　　東京都新宿区山吹町332-6
　　　　　〒162-0801 電話(03)6824-9362

ISBN 978-4-943852-96-4

2024

ISBN 978-4-943852-96-4 C3033 ¥1000E

空間経済学の実証研究

―数量空間経済学とオルタナティブデータ―

中島　賢太郎

2024

公益財団法人
三菱経済研究所